金属的接触腐蚀

——TC18与异种金属的接触腐蚀

上官晓峰　张晓君　王力群　著

陕西新华出版传媒集团
陕西科学技术出版社
——西安——

图书在版编目(CIP)数据

金属的接触腐蚀：TC18与异种金属的接触腐蚀 / 上官晓峰，张晓君，王力群著. —西安：陕西科学技术出版社，2021.9

ISBN 978-7-5369-8184-3

Ⅰ. ①金… Ⅱ. ①上… ②张… ③王… Ⅲ. ①金属-接触腐蚀 Ⅳ. ①TG172.2

中国版本图书馆CIP数据核字(2021)第148473号

金属的接触腐蚀：TC18与异种金属的接触腐蚀

上官晓峰　张晓君　王力群　著

责任编辑　王文娟　黄鹤

封面设计　曾珂

出 版 者　陕西新华出版传媒集团　陕西科学技术出版社

西安市曲江新区登高路1388号陕西新华出版传媒产业大厦B座

电话(029)81205187　传真(029)81205155　邮编710061

http://www.snstp.com

发 行 者　陕西新华出版传媒集团　陕西科学技术出版社

电话(029)81205180　81206809

印　　刷　西安牵井印务有限公司

规　　格　787mm×1092mm　16开本

印　　张　8.25

字　　数　170千字

版　　次　2021年9月第1版

2021年9月第1次印刷

书　　号　ISBN 978-7-5369-8184-3

定　　价　58.00元

前　言

钛习惯上被归为稀有金属，但实际上它在地球上的储量极为丰富，仅次于铝、镁、铁，位居金属中的第 4 位，只是由于其氧化物很稳定，冶金较难，人类发现和应用较晚，才将之归为稀有金属一类[1]。我国钛资源丰富，储量为世界第一。钛合金的密度小，比强度、比刚度高，抗腐蚀性能、高温力学性能、抗疲劳和蠕变性能都很好，具有优良的综合性能，是一种新型的、很有发展潜力和应用前景的结构材料[2]。在航空、航天部件中，钛被称为不可缺少的原材料。据统计，钛在航空航天中的应用约占钛总产量的 70%，主要用于军用飞机、民用飞机、航空发动机、航天器、人造卫星壳体连接座等[3]。

TC18 钛合金是一种新型 $\alpha+\beta$ 两相高强度钛合金[4]，名义成分为 Ti-5Al-5Mo-5V-1Cr-1Fe[5]，是苏联航空材料研究院于 20 世纪 70 年代中期研制成功的一种高合金化、高强度近 β 型合金，苏联牌号为 BT22。该合金具有高强、高韧、高淬透性，故称“三高”钛合金，退火状态下强度极限可达 1 080MPa，强化热处理状态下可达 1 200MPa 或更高，具有满意的延伸率、断面收缩率和冲击韧性[6-7]。用 TC18 钛合金来代替 TC4 或高强钢，可使关键零件减重 15% ~20%[8]。所以，TC18 钛合金是一种理想的航空结构材料，特别适用于制造大型锻件，因而在各种类型飞机机体和起落架的大型承力件上得到了广泛应用[9-10]。通常，钛合金具有较好的抗腐蚀性，这主要是由于钛与氧具有很高的亲合力，易于与氧形成氧化膜，同时该膜具有很高的修复力[11]。但在使用过程中，由于钛合金的电位较正，当其与其他金属连接组成组合件时，钛合金会引起与之接触的其他金属材料的加速腐蚀，因此在结构设计和制造中，应防止 TC18 钛合金与其他材料接触时形成的电偶腐蚀[12]。在实际生产使用中，异种金属材料的接触现象十分普遍，故接触腐蚀是限制钛合金广泛应用的障碍之一。电偶腐蚀的研究一般采用电化学的方法，按 HB 5374—87“不同金属电偶电流测定方法”[13]进行接触腐蚀试验，并根据电偶电流密度的大小来判定产生电偶腐蚀敏感性，判定 2 种不同金属是否可以直接接触使用。这种方法的优点是快速，但由于是在溶液中进行，与实际情况差异较大。而大气暴晒试验和盐雾试验更接近服役环境，可为预测材料的长期环境适应性提供依据，为实现预测防护的技术路线奠定基础。

盐雾腐蚀是在自然环境条件下人工加速、模拟腐蚀的实验，是通过适当强化某些环境因子,加速装备或材料性能劣化的实验方法。该方法综合了传统的自然实验和实验室模拟环境实验的优点,具有真实性、可靠和实验周期短的特点[14]。

大气暴晒试验至今已有100多年的历史。最早的大气暴晒试验是1906年在美国的亚利桑纳进行的,起初是以涂料为暴露对象,随后发展到各国进行各种材料的大气暴晒试验。大气暴晒试验能延用至今,重要的是它能获得较真实的试验结果,尽管在此期间人们一直不断地研究新的快速有效的人工试验方法来代替大气暴晒试验,但均未获成功。因此,世界许多国家尤其是美国、日本,一直非常重视大气暴晒的试验与研究,如今已把大气暴晒试验作为评价产品质量、可靠性以及寿命的重要手段之一。在以往材料的大气暴晒试验中,许多国家的大气腐蚀研究学家尤其是苏联的Китяковсим和英国的Vernon等专家先后对各种材料的大气腐蚀机理进行了不同广度和深度的研究,并通过大量的腐蚀试验数据建立了大气腐蚀的物理和数学模型,得出了许多有指导意义的定论,为后来的研究奠定了基础。由于人类至今无法很好地控制复杂多变的气候因素,以及研究方法上存在实际困难,至今材料在大气中的腐蚀机理与过程仍然不很清楚。但可以肯定的一点是,空气中的氧参与了反应过程,空气中的腐蚀介质(如污染物)起到了促进反应的作用,结果完好的材料被破坏了。海洋大气中存在大量的海盐颗粒[15],随着空气的流动,这种大气会吹向正在飞行和停在岸边的飞机,海盐的沉降加上金属表面极易形成液膜,使得异种结构金属材料相接触发生电偶腐蚀。尽管目前大气腐蚀理论研究已有新的进展,但尚不能完全揭示材料腐蚀行为,而大气暴晒试验对合理选择耐蚀性材料和防腐方法却有极大的帮助[16]。

为了系统研究TC18与异种金属的接触腐蚀及腐蚀对性能的影响,对300M钢、30CrMnSiNi2A钢、7050铝合金、7475铝合金、17-7PH不锈钢等金属材料分别与TC18钛合金偶接,进行电偶腐蚀试验、盐雾试验和海洋大气暴晒试验,测试电偶腐蚀电流、盐雾及海洋大气接触腐蚀,对比盐雾、海洋大气腐蚀前后的力学材料性能变化规律,为扩大TC18钛合金的应用和防止接触腐蚀提供理论依据。

所用材料的化学成分如表1至表6所示。

表1 TC18钛合金的化学成分/wt%

元素	Al	Mo	V	Cr	Fe	Zr	Si	Ti
含量	4.4~5.7	4.0~5.5	4.0~5.5	0.5~1.5	0.5~1.5	≤0.30	≤0.15	余量

表2 300M钢的化学成分/wt%

元素	C	Mn	Si	S	P	Cr	Ni	Mo	V	Cu	Fe
含量	0.38~0.43	0.60~0.90	1.45~1.80	≤0.01	≤0.01	0.70~0.95	1.65~2.00	0.30~0.50	0.05~0.10	0.35	余量

表 3　30CrMnSiNi2A 钢的化学成分/wt%

元素	C	Mn	Si	S	P	Cr	Ni	Fe
含量	0.27~0.34	1.00~1.30	0.90~1.20	≤0.020	≤0.020	0.90~1.20	1.40~1.80	余量

表 4　7050 铝合金的化学成分/wt%

元素	Si	Fe	Cu	Mn	Mg	Cr	Zn	Ti	Zr	Al
含量	0.12	0.15	2.0~2.6	0.10	1.9~2.6	0.04	5.7~6.7	0.06	0.08~0.15	余量

表 5　7475 铝合金的化学成分/wt%

元素	Si	Fe	Cu	Mn	Mg	Cr	Zn	Ti	Al
含量	0.10	0.12	1.2~1.9	0.06	1.9~2.6	0.18~0.25	5.2~6.2	0.06	余量

表 6　17-7PH 不锈钢的化学成分/wt%

元素	C	Mn	Si	Cr	Ni	S	P	Al	Fe
含量	≤0.09	≤1.00	≤1.00	16.00~18.00	6.50~7.75	≤0.03	≤0.04	0.75~1.50	余量

本书具体研究内容有：TC18 与不同材料的接触腐蚀，即测定接触腐蚀电流强度；测试未腐蚀试样（称为对比试样）的拉伸强度和疲劳性能 DFR 值，以此作为对比使用。对不同材料与 TC18 连接进行盐雾试验和不同地点的海洋大气暴晒试验，分析腐蚀及接触腐蚀程度，测试其抗拉强度和规定载荷下的疲劳寿命，并与未腐蚀试样进行对比分析，分析腐蚀及接触腐蚀对性能的影响程度及规律。

目　录

第 1 章

TC18 与不同材料的接触腐蚀

1.1 试验方法及过程

2 种不同的金属相互接触而同时处于电解质中所产生的电化学腐蚀,称为电偶腐蚀,又称接触腐蚀。由于它们构成自发电池,故受腐蚀的是较活泼作为阳极的金属。接触腐蚀试验试样尺寸为 100mm×20mm×2.5mm,通常面积比对电偶腐蚀行为具有较大影响。在一般情况下,当阳极面积不变时,随着阴极面积的增大,阴极电流增加,阳极金属的腐蚀速度会加快。为了防止面积比对腐蚀速率的影响,阴极和阳极试样尺寸应相同(阴、阳极电偶对见表 1.1)。试验方法按 HB5374-87 进行,电解液为化学纯氯化钠和蒸馏水配制的3.5% NaCl 水溶液[13]。每次试验用的溶液体积为 400mL,电解池为 400mL 烧杯。将 2 个试样组成平行的偶对,为保证 2 个试样相互绝缘,将试样用浸蜡的方法封闭防止水线腐蚀的部位,试验部位的面积(包括正面、背面和侧面)约为 $25cm^2$,阴、阳极间距保持 5mm。电偶对之间的距离对电偶对的腐蚀行为也有重要的影响。根据腐蚀电化学原理,增大电偶对间距就是增大了带电离子的扩散距离,相当于增大溶液电阻,使电解液中的传质过程受到阻碍。在给定阴、阳极面积比的条件下,电偶对间距越大,则电偶电流密度越小。试验中保持阴、阳极间距为定值,液面高出试验面上端约 10mm。试样在电解液中稳定 30min,测量每个电极的电位,以便确定电偶极性,确定电流方向。连续测量和记录电偶电流 20h,结果为 3 组平行试验的平均值。试验设备为 ZRA-2 型电偶腐蚀计,试验装置见图 1.1。

表 1.1　TC18 电偶腐蚀偶对方案

试样编号		电偶对		
组	试样编号	阳极	阴极	试样数量
1	A1-1~A1-3	300M	TC18	3
	A2-1~A2-3	300M+吹砂磷化	TC18+阳极化	3
	A3-1~A3-4	300M+吹砂磷化+涂漆	TC18+阳极化	3

续表

试样编号		电偶对		
组	试样编号	阳极	阴极	试样数量
2	B1 - 1 ~ B1 - 4	30CrMnSiNi2A	TC18	3
	B2 - 1 ~ B2 - 4	30CrMnSiNi2A + 吹砂磷化	TC18 + 阳极化	3
	B3 - 1 ~ B3 - 4	30CrMnSiNi2A + 吹砂磷化 + 涂漆	TC18 + 阳极化	3
3	C1 - 1 ~ C1 - 4	7050	TC18	3
	C2 - 1 ~ C2 - 4	7050 + 硼硫酸阳极化	TC18 + 阳极化	3
	C3 - 1 ~ C3 - 4	7050 + 硼硫酸阳极化 + 涂漆	TC18 + 阳极化	3
4	D1 - 1 ~ D1 - 4	7475	TC18	3
	D2 - 1 ~ D2 - 4	7475 + 硼硫酸阳极化	TC18 + 阳极化	3
	D3 - 1 ~ D3 - 4	7475 + 硼硫酸阳极化 + 涂漆	TC18 + 阳极化	3
5	E1 - 1 ~ E1 - 4	17 - 7PH	TC18	3
	E1 - 5 ~ E1 - 8	17 - 7PH	TC18 + 阳极化	3
	E2 - 1 ~ E2 - 4	17 - 7PH + 化学钝化	TC18 + 阳极化	3
	E3 - 1 ~ E3 - 4	17 - 7PH + 化学钝化 + 涂漆	TC18 + 阳极化	3

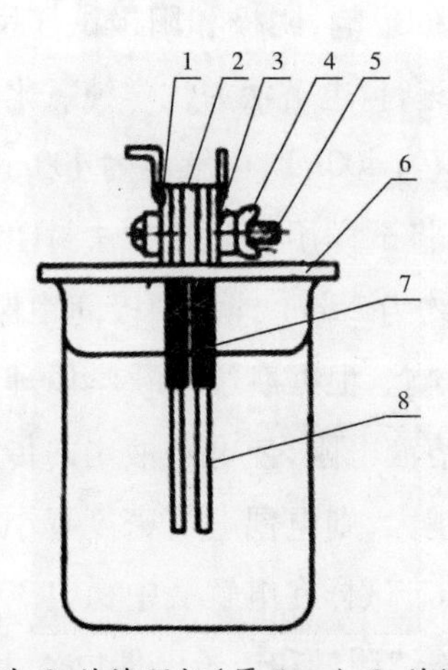

1. 铜导电片;2. 绝缘隔板(厚 5mm);3. 绝缘垫片;4. 螺母;

5. 螺栓;6. 盖板兼支架;7. 封闭位置;8. 试验部位

图 1.1　试验装置

按标准方法测定 TC18 与不同材料接触腐蚀电流,并按电流密度大小对其进行电偶腐蚀敏感性评级。腐蚀电流密度$\overline{i_s} \leqslant 0.3$ μA/cm² 为 A 级,0.3 μA/cm² $< \overline{i_s} \leqslant 1.0$ μA/cm² 为 B 级,1.0 μA/cm² $< \overline{i_s} \leqslant 3.0$ μA/cm² 为 C 级,3.0 μA/cm² $< \overline{i_s} \leqslant 10$ μA/cm² 为 D 级,$\overline{i_s} \geqslant 10.0$ μA/cm² 为 E 级。[13]

1.2　TC18 与 300M 钢的接触腐蚀

按标准要求测试 TC18 与 300M 钢不同表面处理后组成的电偶腐蚀,结果如表 1.2 和图 1.2 所示。

表 1.2　300M 钢与 TC18 电偶对的试验结果

试样编号	电偶对		电偶电流密度 /(μA·cm^{-2})	平均电偶电流密度 /(μA·cm^{-2})	评级	标准偏差	偶接前电位 /mV		终止电偶电位 /mV	终止电偶电流 /μA
	涂层	对偶					涂层	对偶		
A1 - 1	300M	TC18	4.10	3.00	D	0.95	-534	-291	-596	138.00
A1 - 2			2.42				-509	-332	-608	64.00
A1 - 3			2.48				-533	-341	-571	62.00
A2 - 1	300M + 吹砂磷化	TC18 + 阳极化	0.74	0.58	B	0.14	-557	-199	-606	33.50
A2 - 2			0.51				-519	-284	-574	12.50
A2 - 3			0.48				-533	-298	-549	10.70
A3 - 1	300M + 吹砂磷化 + 涂漆	TC18 + 阳极化	0.07	0.08	A	0.08	-440	-303	-482	1.95
A3 - 2			0.17				-499	-296	-473	2.87
A3 - 3			0.00				-486	-321	-490	0.12

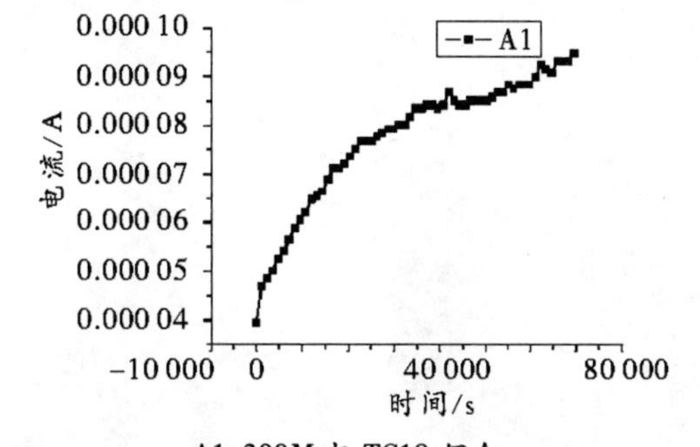

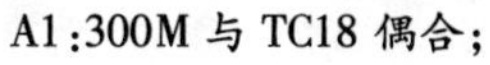
A1:300M 与 TC18 偶合;

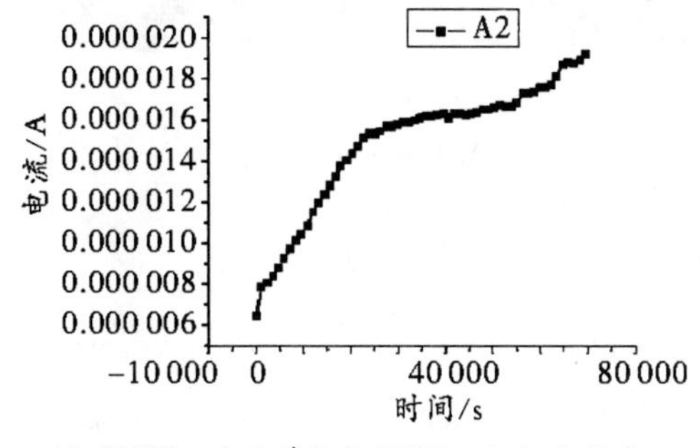

A2:300M + 吹砂磷化与 TC18 + 阳极化偶合;

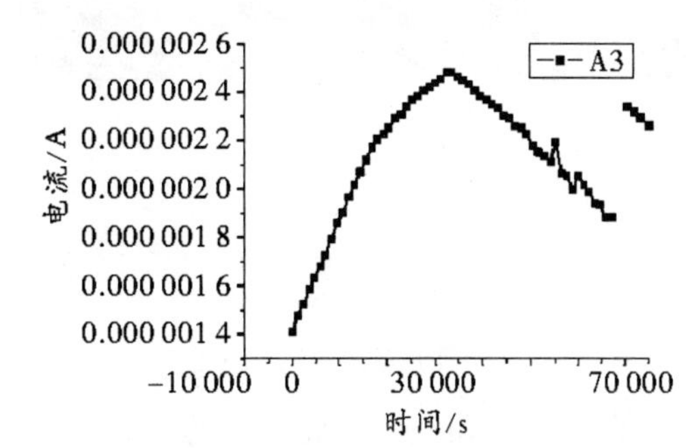

A3:300M + 吹砂磷化 + 涂漆与 TC18 + 阳极化偶合

图 1.2　300M 钢与 TC18 偶合腐蚀电流与时间的关系

从图 1.2 和表 1.2 可以看出，不同表面处理的电偶腐蚀电流及电偶腐蚀级别不同。TC18 与 300M 组成的电偶对，没经表面处理的腐蚀电流最大，且随时间延长，增加的速度最大；300M + 磷化与 TC18 + 阳极化组成的电偶对的腐蚀电流次之；300M + 磷化 + 涂漆与 TC18 + 阳极化组成的电偶对的腐蚀电流最小。图 1.3 是 300M 钢与 TC18 电偶腐蚀后表面腐蚀的宏观和微观形貌。

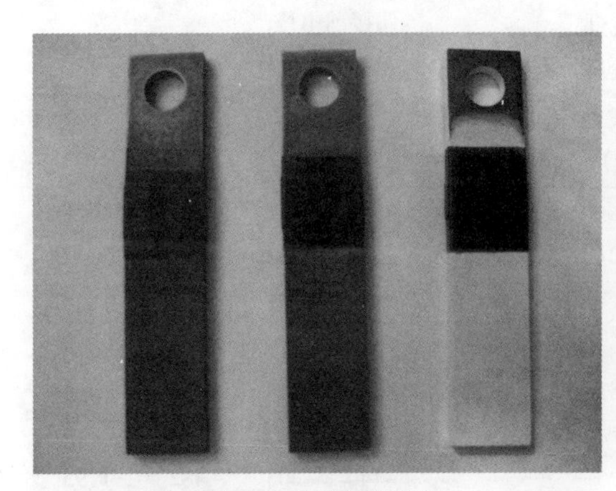

(a)腐蚀后的宏观形貌

左起：300M；300M + 磷化；300M + 磷化 + 涂漆

(b)腐蚀后的微观形貌

300M 未处理

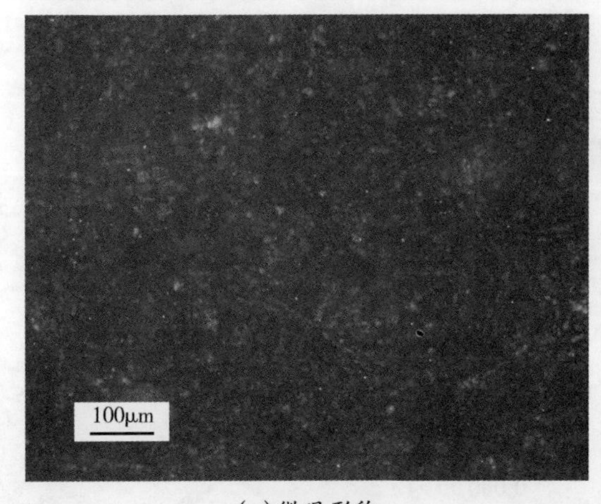

(c)微观形貌

300M + 磷化

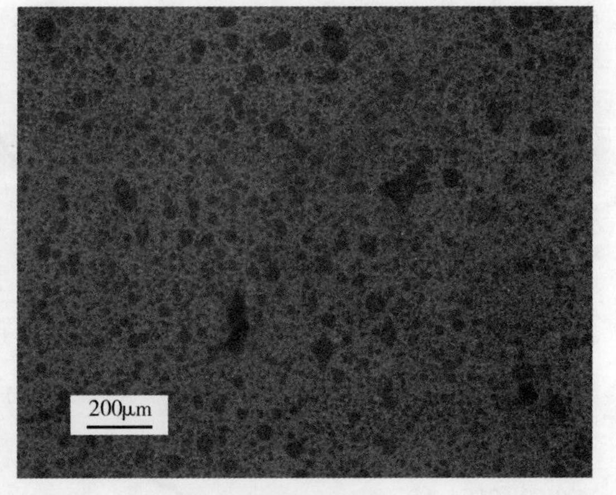

(d)微观形貌

300M + 磷化 + 涂漆

图 1.3　300M 钢与 TC18 接触腐蚀表面形貌

图 1.3 也可以说明表面处理对抗接触腐蚀性能的提高。从宏观形貌可以发现，300M 未经表面处理和经磷化处理后的电偶腐蚀后表面有明显的锈蚀，而 300M + 磷化 + 涂漆处理与 TC18 阳极化形成电偶对，经 20h 电偶腐蚀后宏观上表面没发现腐蚀现象。图 1.4 是 300 钢与 TC18 组成电偶对，其腐蚀微观形貌在透射电子显微镜(SEM)下的照片。从图可

以发现,300M 未经表面处理和经磷化处理后,腐蚀较深,但涂漆后由于高电阻膜层的作用及两级电位差的改变,大大提高了 300M + 磷化 + 涂漆钢与 TC18 + 阳极化的抗接触腐蚀性能,也减小了腐蚀电流密度。试验表明,300M 钢与 TC18 偶合,其腐蚀电流密度为 3.00 $\mu A/cm^2$,腐蚀级别为 D 级;300M + 磷化与 TC18 + 阳极化偶合后,其腐蚀电流密度为 0.58 $\mu A/cm^2$,腐蚀级别为 B 级;300M + 磷化 + 涂漆与 TC18 + 阳极化偶合,其腐蚀电流密度为 0.08 $\mu A/cm^2$,腐蚀级别提高到 A 级。若 300M 与钛合金 TC18 连接,建议对 300M 进行磷化并涂漆,对 TC18 进行阳极化处理,以减小电偶腐蚀敏感性。

(a)300M 未处理

XJTU-PHY SEI 15.0kV X150 100μm WD 9.9mm

(b)300M 经磷化处理

(c)300M + 磷化 + 涂漆

图 1.4　300M 钢与 TC18 电偶腐蚀表面 SEM 形貌

1.3　TC18 与 30CrMnSiNi2A 钢的接触腐蚀

TC18 与 30CrMnSiNi2A 钢经不同表面处理后,组成的电偶腐蚀结果如表 1.3 和图 1.5 所示。

表 1.3　TC18 与 30CrMnSiNi2A 电偶对的试验结果

试样编号	电偶对 涂层	电偶对 对偶	电偶电流密度/(μA·cm⁻²)	平均电偶电流密度/(μA·cm⁻²)	评级	标准偏差	偶接前电位/mV 涂层	偶接前电位/mV 对偶	终止电偶电位/mV	终止电偶电流/μA
B1-1	30CrMnSiNi2A	TC18	5.37	5.29	D	2.70	-690	-290	-704	67.00
B1-2			5.45				-581	-292	-570	139.00
B1-3			5.04				-645	-295	-697	143.00
B2-1	30CrMnSiNi2A + 吹砂磷化	TC18 + 阳极化	1.01	0.99	B	0.02	-575	-265	-638	26.00
B2-2			0.97				-454	-282	-533	25.00
B2-3			1.00				-494	-203	-562	16.00
B3-1	30CrMnSiNi2A + 吹砂磷化 + 涂漆	TC18 + 阳极化	0.95	0.86	B	0.09	-586	-554	-540	18.00
B3-2			0.79				-513	-507	-496	14.00
B3-3			0.84				-544	-537	-565	15.00

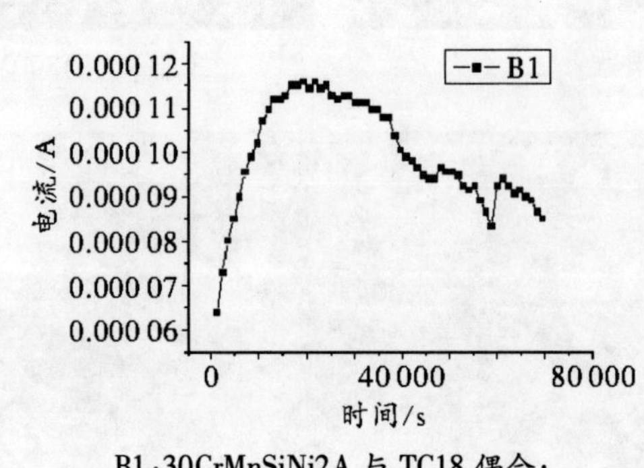

B1:30CrMnSiNi2A 与 TC18 偶合;

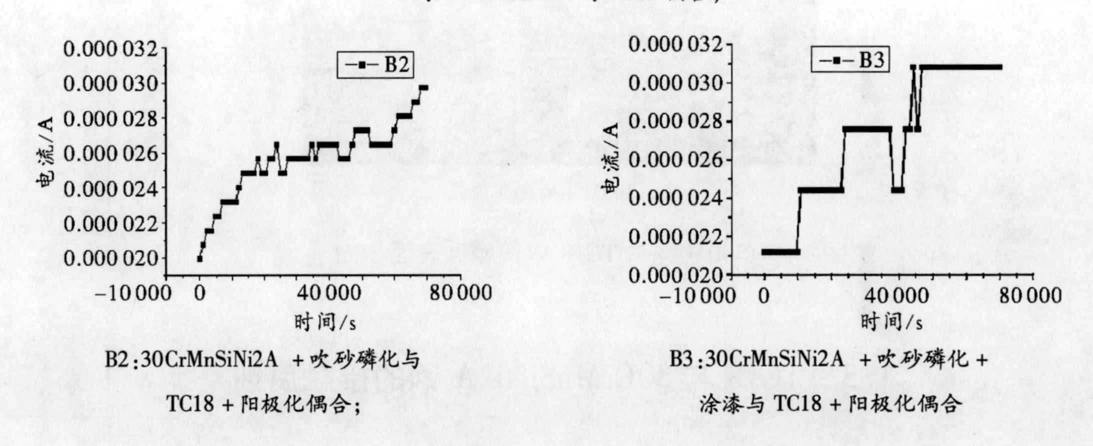

B2:30CrMnSiNi2A + 吹砂磷化与 TC18 + 阳极化偶合;

B3:30CrMnSiNi2A + 吹砂磷化 + 涂漆与 TC18 + 阳极化偶合

图 1.5　30CrMnSiNi2A 钢与 TC18 偶合腐蚀电流与时间的关系

同样由表 1.3 和图 1.5 可以发现,30CrMnSiNi2A 钢经不同表面处理后抗接触腐蚀性能不同,接触腐蚀等级也不同。无表面处理 30CrMnSiNi2A 与 TC18 偶合,其接触腐蚀等级是 D 级;30CrMnSiNi2A 磷化、30CrMnSiNi2A 磷化 + 涂漆分别与 TC18 + 阳极化偶合,其接触腐蚀等级均为 B 级;30CrMnSiNi2A 不处理与 TC18 偶合、30CrMnSiNi2A 磷化、磷化 + 涂漆处理后与 TC18 + 阳极化偶合的腐蚀电流密度分别为 5.29 $\mu A/cm^2$、0.99 $\mu A/cm^2$、0.86 $\mu A/cm^2$, 30CrMnSiNi2A 磷化 + 涂漆后的腐蚀电流密度小于 30CrMnSiNi2A 磷化处理的。图 1.6 和图 1.7 分别为 30CrMnSiNi2A 钢与 TC18 偶合后电偶腐蚀表面的宏观形貌和 SEM 照片。

图 1.6 显示 30CrMnSiNi2A 钢未经表面处理与 TC18 组成电偶对,其宏观形貌有明显的锈蚀,而 30CrMnSiNi2A 经磷化处理与 TC18 阳极化组成电偶对基本没发现锈蚀,30CrMnSiNi2A 经磷化再涂漆后与 TC18 阳极化组成电偶对,由于漆层的表面保护作用,表面同样没发现锈蚀现象。从图 1.7 证明 30CrMnSiNi2A + 磷化 + 涂漆其腐蚀最轻,而没经表面处理的腐蚀最严重,表面球状腐蚀产物最多,与腐蚀电流结果相一致。磷化处理和涂漆可起到隔离和提高电偶腐蚀系统总的电阻,从而降低腐蚀电流,提高抗电偶腐蚀的作用。

左起:30CrMnSiNi2A;30CrMnSiNi2A + 磷化;30CrMnSiNi2A + 磷化 + 涂漆

图 1.6　30CrMnSiNi2A 腐蚀后的宏观形貌

(a)30CrMnSiNi2A 未处理

(b)30CrMnSiNi2A 经磷化处理

(c)30CrMnSiNi2A + 磷化 + 涂漆

图 1.7　30CrMnSiNi2A 钢与 TC18 电偶腐蚀表面 SEM

1.4　TC18 与 7050 铝合金的接触腐蚀

通过标准方法测试的 TC18 与经不同表面处理的 7050 铝合金组成的电偶对,腐蚀结果见表 1.4 和图 1.8。

表 1.4　TC18 与 7050 电偶对的试验结果

试样编号	电偶对		电偶电流密度/(μA·cm²)	平均电偶电流密度/(μA·cm²)	评级	标准偏差	偶接前电位/mV		终止电偶电位/mV	终止电偶电流/μA
	涂层	对偶					涂层	对偶		
C1 - 1	7050	TC18	1.17	3.475	D	2.94	-587	-277	-576	14.00
C1 - 2			5.98				-731	-316	-684	162.00
C1 - 3			0.65				-745	-298	-702	143.00
C1 - 4			6.10				-727	-314	-720	175.00
C2 - 1	7050 + 硼硫酸阳极化	TC18 + 阳极化	0.27	0.45	B	0.16	-566	-280	-575	5.20
C2 - 2			0.59				-699	-300	-701	15.90
C2 - 3			0.48				-773	-382	-724	9.80
C3 - 1	7050 + 硼硫酸阳极化 + 涂漆	TC18 + 阳极化	0.53	0.54	B	0.14	-361	-345	-488	4.00
C3 - 2			0.41				-675	-304	-582	8.80
C3 - 3			0.69				-573	-306	-683	13.00

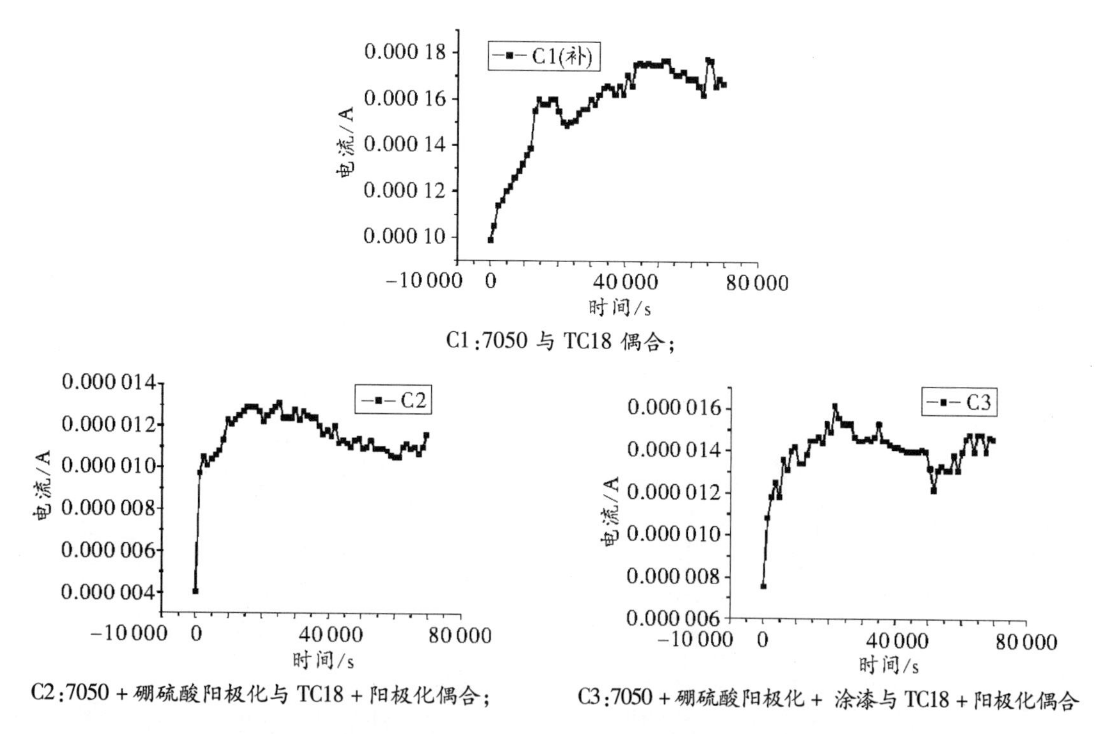

C1:7050 与 TC18 偶合；

C2:7050 + 硼硫酸阳极化与 TC18 + 阳极化偶合；

C3:7050 + 硼硫酸阳极化 + 涂漆与 TC18 + 阳极化偶合

图 1.8　7050 与 TC18 偶合腐蚀电流与时间的关系

从表 1.4 和图 1.8 可以发现,7050 铝合金未进行表面处理与 TC18 钛合金组成的电偶对,接触腐蚀电流在试验期间一直增加,电偶腐蚀敏感性为 D 级,且从腐蚀宏观形貌发现表面有严重的腐蚀现象(图 1.9)。

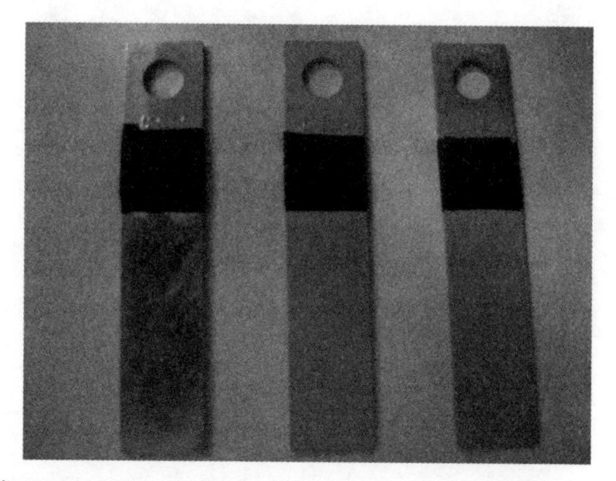

左起:7050;7050 + 硼硫酸阳极化;7050 + 硼硫酸阳极化 + 涂漆

图 1.9　7050 腐蚀后的宏观形貌

观察扫描照片图 1.10(a),蚀孔有穿透自然形成保护膜层的现象,故不允许直接接触使用[13],经表面处理后其抗接触腐蚀性能提高。7050 铝合金经硼硫酸阳极化、7050 铝合金经硼硫酸阳极化 + 涂漆与 TC18 阳极化偶合,其电偶腐蚀电流在试验期间先增加,最后逐渐达到一个相对稳定的平台,其腐蚀电流密度小于没经表面处理的 7050 与 TC18 偶合的腐蚀电流密度,主要是由于表面处理提高了阳极电极电位,从而降低了两级电位差,使其电偶腐蚀敏感性均为 B 级。且从扫描图片可见蚀孔较浅,见图 1.10(b)和图 1.10(c)。腐蚀微观形貌表明,7050 没经表面处理的腐蚀最严重,而经硼硫酸阳极化和硼硫酸阳极化并涂漆的腐蚀轻,这和测试腐蚀电流结果是一致的。因此对工程应用来说,7050 铝合金与 TC18 钛合金连接时,需要进行表面处理方可使用,否则不能直接接触使用。

(a)7050

(b)7050 +硼硫酸阳极化

(c)7050 +硼硫酸阳极化+涂漆

图 1.10　7050 与 TC18 电偶腐蚀表面形貌

1.5　TC18 与 7475 铝合金的接触腐蚀

TC18 钛合金与经不同表面处理的 7475 铝合金组成的电偶对,其接触腐蚀结果如表 1.5 和图 1.11 所示。

表 1.5　TC18 与 7475 铝合金电偶对的试验结果

试样编号	电偶对		电偶电流密度 /(μA·cm^2)	平均电偶电流密度 /(μA·cm^2)	评级	标准偏差	偶接前电位 /mV		终止电偶电位 /mV	终止电偶电流 /μA
	涂层	对偶					涂层	对偶		
D1 - 1	7475	TC18	0.87	2.64	C	3.19	-594	-279	-575	17.00
D1 - 2			6.32				-740	-306	-712	180.00
D1 - 3			0.73				-752	-277	-723	176.00
D2 - 1	7475 + 硼硫酸阳极化	TC18 + 阳极化	0.08	0.25	A	0.15	-506	-255	-582	2.20
D2 - 2			0.35				-751	-155	-715	8.40
D2 - 3			0.32				-567	-426	-375	5.50
D3 - 1	7475 + 硼硫酸阳极化 + 涂漆	TC18 + 阳极化	0.00	0.20	A	0.27	-694	-345	-270	0.02
D3 - 2			0.50				-712	-485	-682	18.00
D3 - 3			0.08				-620	-378	-660	19.30

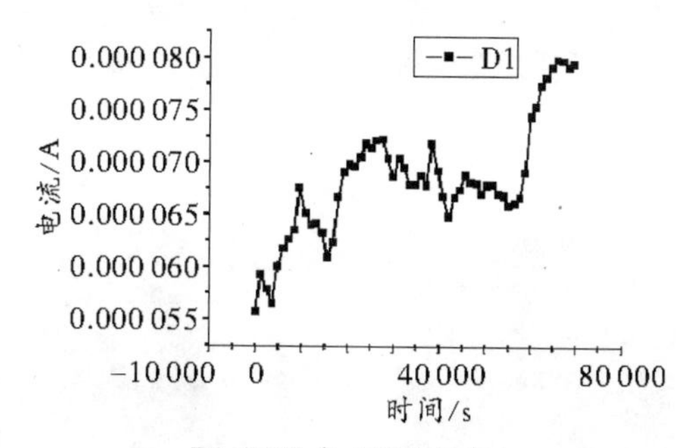

D1:7475 与 TC18 偶合;

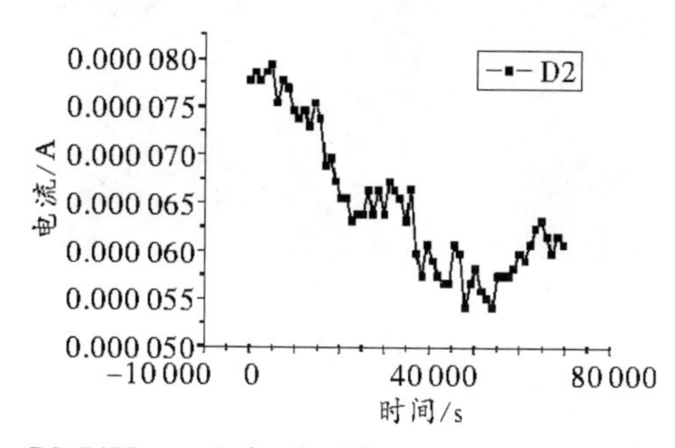

D2:7475 + 硼硫酸阳极化与 TC18 + 阳极化偶合;

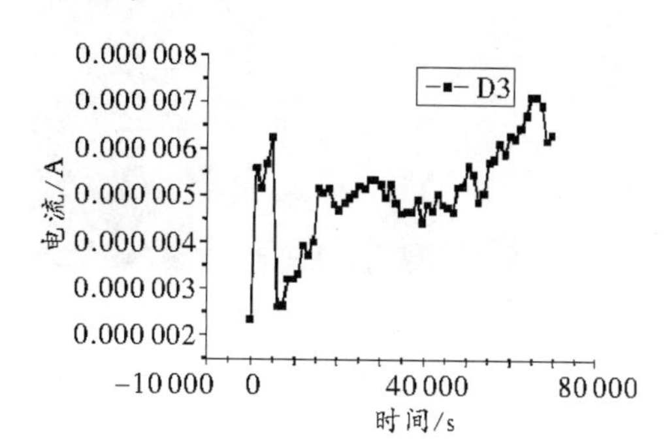

D3:7475 + 硼硫酸阳极化 + 涂漆与 TC18 + 阳极化偶合

图 1.11　7475 与 TC18 偶合腐蚀电流与时间的关系

从 7475 铝合金与 TC18 接触腐蚀结果发现，阳极化和涂漆可以降低腐蚀电流，提高抗接触腐蚀性能。7475 铝合金硼硫酸阳极化、7475 铝合金硼硫酸阳极化 + 涂漆与 TC18 钛合金阳极化形成的电偶腐蚀，其腐蚀级别从没经处理的 C 级提高到 A 级，这是由于阳极化膜的隔离作用，表面处理改变了两级电位差，同时漆层的高电阻提高了系统总电阻，从而降低了腐蚀电流。图 1.12 和图 1.13 分别为 7475 与 TC18 偶合电偶腐蚀表面 SEM 和宏观形貌照片，从图中可以看出，未经表面处理的腐蚀严重，同时发现表面加工质量对腐蚀的影响，腐蚀沿刀痕进行明显。这对于机械加工提出了要求：应尽可能提高加工质量，提高其抗接触腐蚀的能力，否则会降低其与 TC18 或其他高电位材料的接触腐蚀性能，降低产品使用寿命。

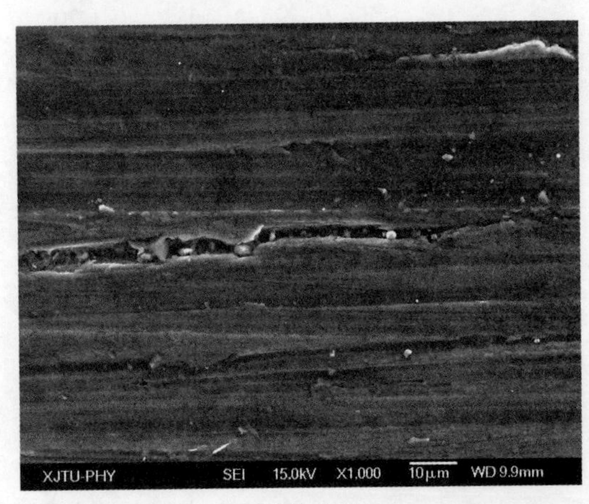

(a)7475 未处理

(b)7475 + 硼硫酸阳极化

(c)7475 + 硼硫酸阳极化 + 涂漆

图 1.12　7475 与 TC18 电偶腐蚀表面 SEM

左起：7475；7475 + 硼硫酸阳极化；

7475 + 硼硫酸阳极化 + 涂漆

图 1.13　7475 腐蚀后的宏观形貌

1.6　TC18 与 17 -7PH 不锈钢的接触腐蚀

TC18 与 17 -7PH 不锈钢经不同表面处理后组成的电偶对，其接触腐蚀结果如表 1.6 和图 1.14 所示。

表 1.6　TC18 与 17 -7PH 不锈钢电偶对的试验结果

试样编号	电偶对		电偶电流密度 /(μA·cm²)	平均电偶电流密度 /(μA·cm²)	评级	标准偏差	偶接前电位 /mV		终止电偶电位 /mV	终止电偶电流 /μA
	涂层	对偶					涂层	对偶		
E1 -1	17 -7PH	TC18	0.05	0.02	A	0.03	-207	-297	112	-1.00
E1 -2			0.00				-196	-238	-94	0.20
E1 -3			0.00				-187	-248	118	-0.01
E1 -5	17 -7PH	TC18 + 阳极化	-0.03	-0.01	A	0.02	-212	-210	116	-0.11
E1 -6			0.00				-158	-190	118	-0.08
E1 -7			0.00				-227	-198	550	-0.20
E2 -1	17 -7PH + 化学钝化	TC18 + 阳极化	0.00	-0.01	A	0.01	-193	-144	115	-0.06
E2 -2			0.00				-154	-156	128	-0.10
E2 -3			-0.02				-106	-178	133	-0.08
E3 -1	17 -7PH + 化学钝化 + 涂漆	TC18 + 阳极化	0.00	-3.27 × -10^{-3}	A	6.094 25 × 10^{-5}	-193	-321	-128	0.10
E3 -2			0.00				-227	-299	130	-0.10
E3 -3			0.00				-228	-313	137	-0.09

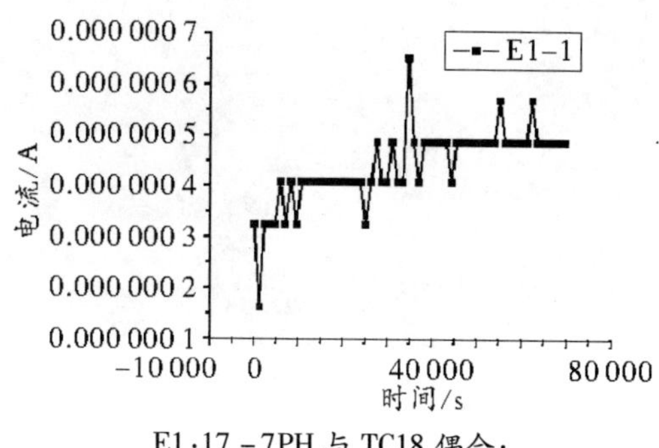

E1:17 -7PH 与 TC18 偶合;

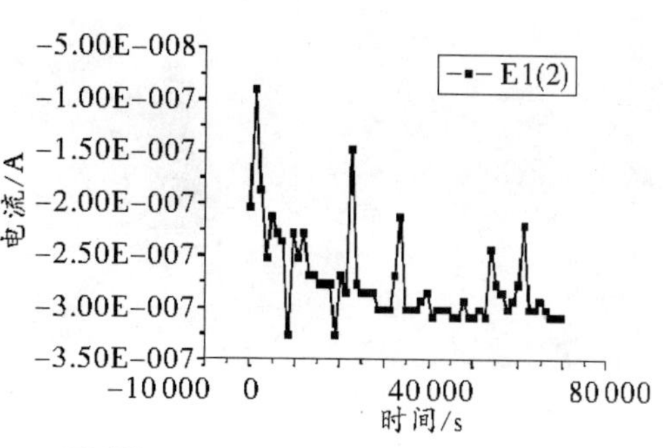

E1(2):17 -7PH 与 TC18 + 阳极化偶合;

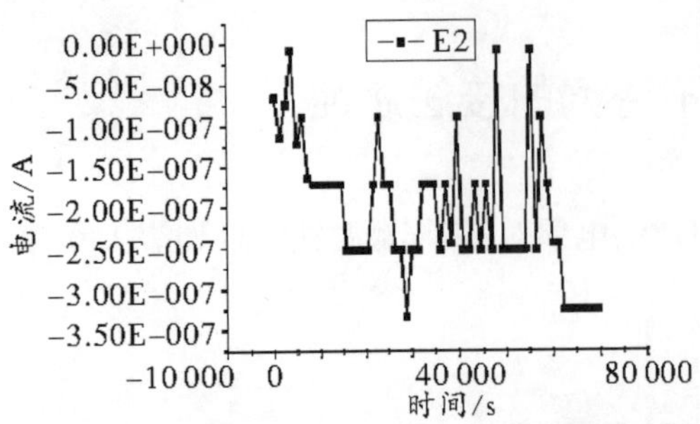

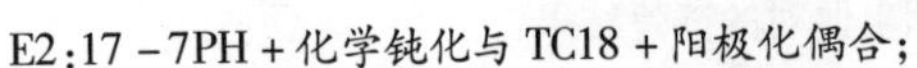
E2:17 -7PH + 化学钝化与 TC18 + 阳极化偶合;

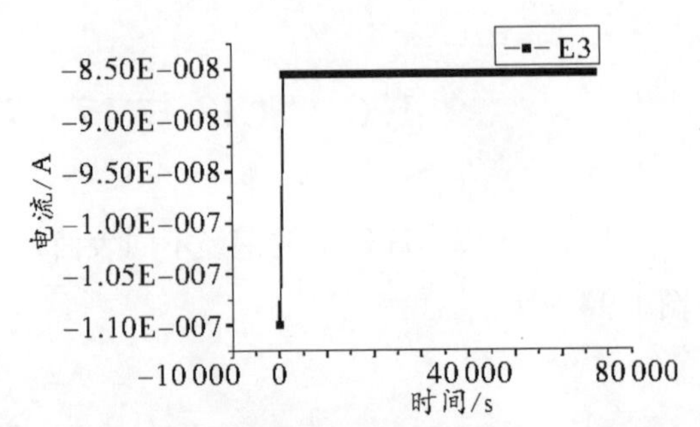

E3:17 -7PH + 化学钝化 + 涂漆与 TC18 + 阳极化偶合

图 1.14　17 -7PH 与 TC18 偶合腐蚀电流与时间的关系

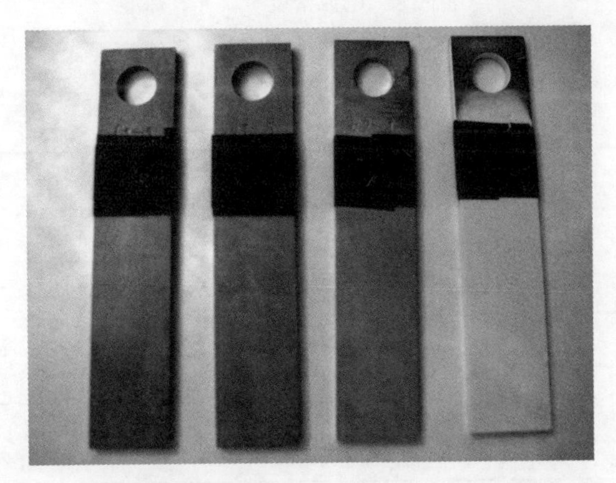

左起:17 -7PH 与 TC18 偶合;17 -7PH 化学钝化与 TC18 偶合;

17 -7PH 化学钝化与 TC18 + 阳极化偶合;

17 -7PH 化学钝化 + 涂漆与 TC18 偶合 + 阳极化偶合

图 1.15　17 -7PH 腐蚀后的宏观形貌

(a)腐蚀表面

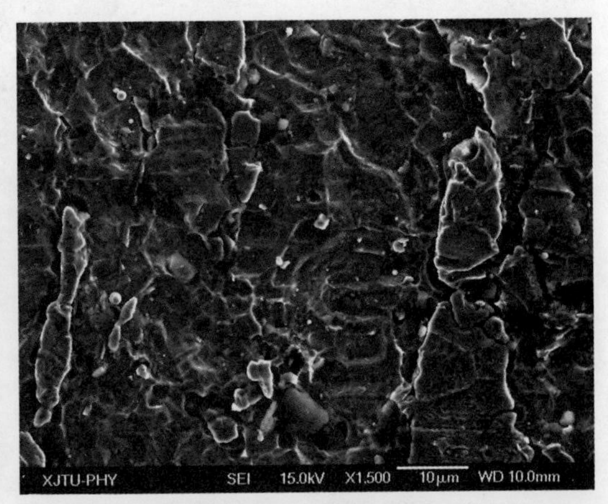

(b)图 a 中 A 区放大

图 1.16　17 -7PH 与 TC18 偶合电偶腐蚀表面 SEM

17－7PH与TC18形成电偶对,阳极是17－7PH,腐蚀电流密度为0.02μA/cm²,接触腐蚀等级为A级。图1.15和图1.16分别为17－7PH与TC18偶合电偶腐蚀表面宏观形貌和SEM照片,宏观观察表面没有明显的腐蚀现象,微观发现17－7PH的钝化膜已被破坏。由于Cl^-穿透不锈钢表面钝化膜,产生微小的点腐蚀,虽然宏观没有发现,但微观发现有一定的腐蚀深度(图1.16b)。从表1.6发现,17－7PH与TC18形成的电偶对,其腐蚀电流很小,其电偶腐蚀敏感度为A级,其阳极是17－7PH;17－7PH与TC18＋阳极化偶合及17－7PH＋化学钝化、17－7PH＋化学钝化＋涂漆与TC18＋阳极化形成的电偶对,其电位接近,腐蚀电流密度很小,电偶腐蚀阳极是TC18钛合金,而不是17－7PH不锈钢。

偶合金属材料的电化学特性会影响其在电偶序中的位置,从而改变偶合金属电偶腐蚀的敏感性。对于像钛、铬等具有很强的、稳定的活化－钝化行为的材料,在某些特殊环境中电偶偶合导致的阳极极化反而可能使这类金属材料的腐蚀速率降低[17－18]。从试验结果发现,有3种情况会出现极性逆反,即电偶腐蚀阳极是TC18钛合金。极性逆反在本质上是金属电极电位发生变化的结果,它可能起因于2种机制[19]:一是活化－钝化转变。活化态金属钝化后,其电位升高到较正的数值;处于钝化态的金属,如钝化膜受到破坏,其电位降到较负的数值。这2种情况都可能改变偶合金属中电位极性的相对关系。二是由于体系中某些因素的变化,最终引起相应金属的电位发生变化。如温度、pH值、离子活度等发生变化。在研究钝性材料之间的接触腐蚀行为时,如钛合金与不锈钢偶接体系,极性逆反是该体系的一大特点。在含氯介质中,TC18钛合金表面钝化膜的耐腐蚀性差,易破坏,电位有下降趋势,而17－7PH不锈钢钝化膜稳定且有加厚倾向,电位正移,结果引起极性逆反现象。

图1.17为17－7PH与TC18偶合电偶腐蚀TC18的SEM照片。宏观没有发现腐蚀现象,但SEM发现了局部腐蚀,且腐蚀有一定深度。TC18是近β钛合金,其腐蚀形貌与α、β两相的形貌和分布有关。

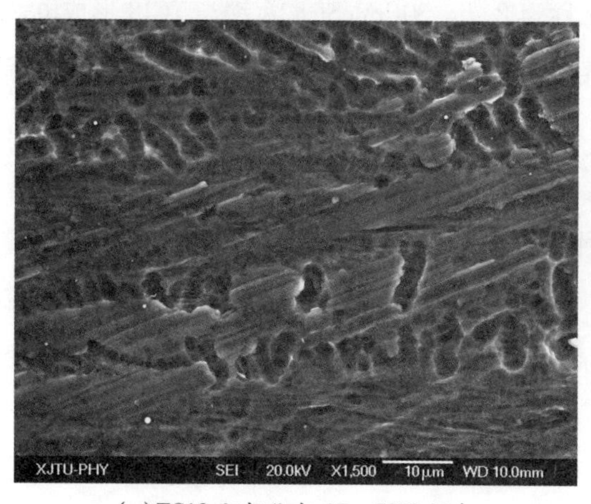

(a)TC18阳极化与17－7PH偶合

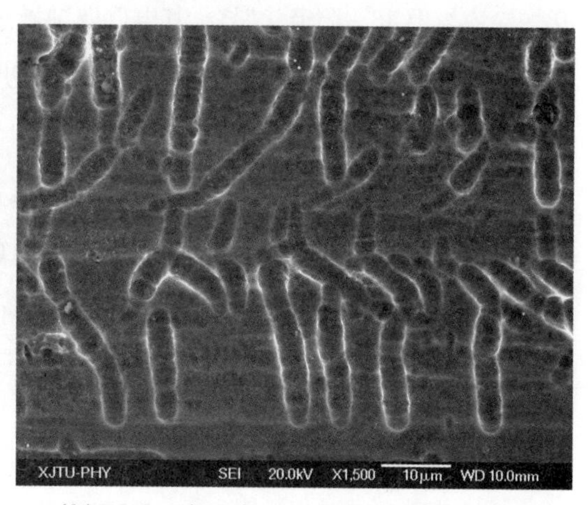

(b)TC18阳极化与17－7PH＋化学钝化偶合

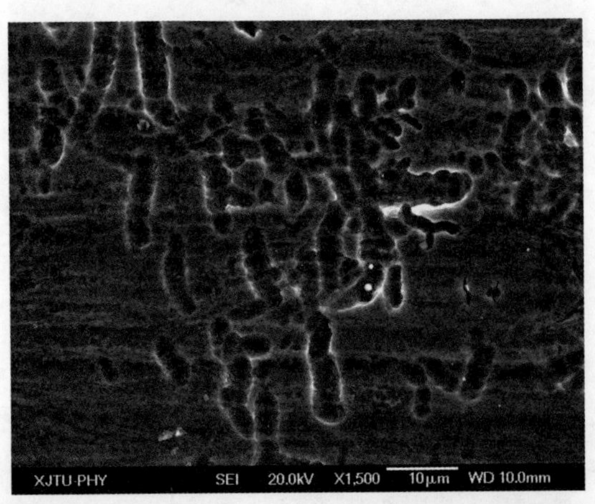

(c)TC18 阳极化与 17－7PH＋化学钝化＋涂漆偶合

图 1.17 TC18 与 17－7PH 电偶腐蚀表面 SEM

1.7 小 结

1)未经任何表面处理的300M钢与TC18偶合,其电偶腐蚀敏感性为D级。300M钢＋磷化与TC18＋阳极化偶合,其电偶腐蚀敏感性为B级。300M＋磷化＋涂漆与TC18＋阳极化偶合,其电偶腐蚀敏感性为A级。300M钢与TC18形成电偶对,磷化和涂漆均可降低腐蚀电流,建议实际应用时对300M钢进行磷化和涂漆处理,之后可直接与经阳极化的TC18钛合金连接使用。

2)未经任何表面处理的30CrMnSiNi2A钢与TC18偶合,其电偶腐蚀敏感性为D级。30CrMnSiNi2A钢＋磷化与TC18＋阳极化偶合,其电偶腐蚀敏感性达到B级。30CrMnSiNi2A＋磷化＋涂漆与TC18＋阳极化偶合,其电偶腐蚀敏感性为B级。30CrMnSiNi2A钢与TC18形成电偶对,磷化和涂漆均可降低腐蚀电流,建议实际应用时对30CrMnSiNi2A钢进行磷化和涂漆处理,降低其与TC18钛合金的接触腐蚀倾向。

3)未经任何表面处理的7050与TC18偶合,其电偶腐蚀敏感性为D级。7050＋硼硫酸阳极化与TC18阳极化形成电偶对,其电偶腐蚀敏感性为B级。7050＋硼硫酸阳极化＋涂漆与TC18阳极化形成电偶对,其电偶腐蚀敏感性也为B级。7050与TC18形成电偶对,硼硫酸阳极化和涂漆均可降低腐蚀电流,建议实际应用中对7050进行硼硫酸阳极化和涂漆处理,降低其与TC18钛合金的接触腐蚀倾向。

4)未经任何表面处理的7475与TC18偶合,其电偶腐蚀敏感性为C级。7475＋硼硫酸阳极化与TC18阳极化形成电偶对,其电偶腐蚀敏感性为A级。7475＋硼硫酸阳极化＋涂漆与 TC18 阳极化形成电偶对,其电偶腐蚀敏感性也为 A 级。7475 与 TC18 形成电偶对,硼硫酸阳极化和涂漆均可降低腐蚀电流,7475 + 硼硫酸阳极化 + 涂漆与 TC18 阳极化接触可直接使用。

5)未经任何表面处理的 17 - 7PH 与 TC18 形成电偶对,阳极是 17 - 7PH;而 17 - 7PH 与 TC18 阳极化形成电偶对,17 - 7PH 硼硫酸阳极化或 17 - 7PH 硼硫酸阳极 + 涂漆与 TC18 阳极化形成电偶对,会出现极性逆转现象,腐蚀阳极是 TC18 钛合金。17 - 7PH 与 TC18 形成电偶对,无论是否进行表面处理,其腐蚀级别均为 A 级,即 17 - 7PH 与 TC18 无论是否进行表面处理均可直接接触连接使用。

第 2 章

盐雾腐蚀

2.1 试样尺寸及试验方法

自然界的盐雾是强电解质,其中 NaCl 占电解质的77.8%,电导率大,可加速电极反应,使阳极活化,加速腐蚀。盐雾腐蚀经电化学方式进行,其机理是基于原电池腐蚀,腐蚀过程是阳极过程,腐蚀电池中电位较负的金属为阳极,发生氧化反应。在电解液中,氯化钠离解为 Na^+ 和 Cl^-,部分 Cl^-、金属离子和 OH^- 反应生成金属腐蚀产物。盐雾腐蚀试验是在自然环境条件下人工加速和模拟腐蚀的实验,是通过适当强化某些环境因子,加速装备或材料性能劣化的实验方法。它综合了传统的自然实验和实验室模拟环境实验的优点,具有真实性、可靠性和实验周期短的特点[14],通过盐雾腐蚀研究 TC18 与不同材料的接触腐蚀及腐蚀对相应材料力学性能的影响。

将 TC18 钛合金制成 80mm×25mm×4mm 矩形板状,表面经过阳极化处理;将与钛合金偶接的5种材料制成规格为 206mm×40mm×3mm 平板状,中部两侧有一弧度,半径为120mm。试样表面经打磨抛光后,表面粗糙度 *Ra* 为 0.80,棱角处无毛刺。300M 和 30CrMnSiNi2A 表面处理均为吹砂磷化+涂漆。17-7PH 表面处理一种是化学钝化,另一种是化学钝化+涂漆。7050 和 7475 铝合金分别进行硼硫酸阳极化和硼硫酸阳极化+涂漆 2 种表面处理。试样分为胶接装配和不胶接装配 2 种,如图 2.1 所示。

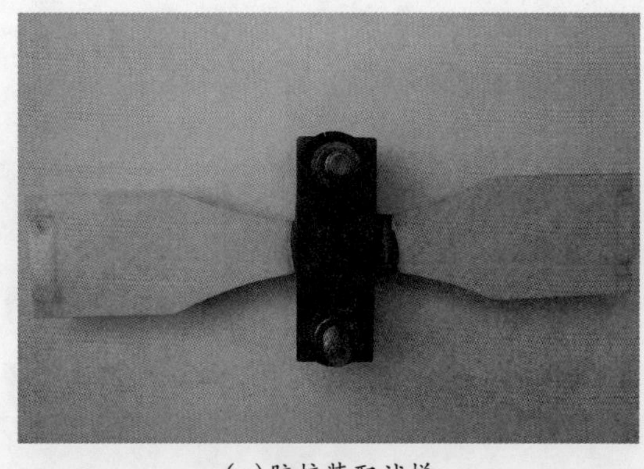

(a)胶接装配试样

(b)不胶接装配试样

图 2.1 试样状态图

盐雾试验在 Q - FOG 盐雾试验箱中进行。盐溶液是用化学纯 NaCl 和电阻率小于 5000Ω. m 的蒸馏水配制的,盐溶液的 pH 值为 6.5 ~ 7.2。用面积为 80cm^2 的漏斗收集连续雾化 16h 的盐雾沉降量,有效空间内任意位置的沉降率为 1.0 ~ 2.0mL/h · 80cm^2。试验温度为 35℃,试验时间为 240h。试验箱经连续喷雾时间为 16 ~ 24h 的空载试验,确定可保持稳定的试验条件时,投入试验样品进行试验。每组 8 个试样,试验后进行盐雾腐蚀分析:3 个试样进行拉伸性能测试,5 个试样进行疲劳性能研究。

2.2　涂层及接触腐蚀评价

盐雾试验后,按照 GB/T1766 - 2008“色漆和清漆涂层老化的评级方法[20]”对试样涂层进行检查评价,结果如表 2.1 所示。从结果发现,盐雾腐蚀后涂漆层仅与没腐蚀前稍有色差变化,其他没有发生变化,检查评价综合等级均为 0 级。按 GB/T6461 - 2002“金属基体上金属和其他无机覆盖层经腐蚀试验后的试样和试件的评级方法[21]”对试样无机覆盖层进行检查评价,试验结果包括 8 个不涂胶试样、9 个涂胶试样的平均结果,如表 2.2 所示。

表 2.1　盐雾试样表面状态评价

有机涂层	连接方式	光泽	色差	粉化	裂纹	起泡	开裂	斑点	粘污	生锈	泛金	脱落	综合评级
300M 吹砂磷化 + 涂漆	不涂胶	0	0.49	0	0	0	0	0	0	0	0	0	0
	涂胶	0	0.51	0	0	0	0	0	0	0	0	0	0
30CrMnSiNi2A 吹砂磷化 + 涂漆	不涂胶	0	0.6	0	0	0	0	0	0	0	0	0	0
	涂胶	0	0.52	0	0	0	0	0	0	0	0	0	0
7050 硼硫酸阳极化 + 涂漆	不涂胶	0	0.38	0	0	0	0	0	0	0	0	0	0
	涂胶	0	0.24	0	0	0	0	0	0	0	0	0	0
7475 硼硫酸阳极化 + 涂漆	不涂胶	0	0.38	0	0	0	0	0	0	0	0	0	0
	涂胶	0	0.24	0	0	0	0	0	0	0	0	0	0
17 - 7PH 化学钝化 + 涂漆	不涂胶	0	0.57	0	0	0	0	0	0	3	0	0	0
	涂胶	0	0.54	0	0	0	0	0	0	2	0	0	0

表 2.2 盐雾试验后试样表面状态

无机覆盖层	连接方式	表面描述	腐蚀与防护性能评级
7050 硼硫酸阳极化	不涂胶	阳极区域(不只接触附近区域)有少量点蚀	8/8mE
	涂胶	阳极区域(不只接触附近区域)有少量点蚀	8/8mE
7475 硼硫酸阳极化	不涂胶	阳极接触区域附近有少量点蚀	8/8mF
	涂胶	阳极区域有轻微局部腐蚀	9/9mF
17-7PH 化学钝化	不涂胶	接触区发暗,无腐蚀	10/10
	涂胶	无腐蚀	10/10

7050 硼硫酸阳极化层盐雾腐蚀后,阳极区发生少量点蚀,其点蚀面积占试样总面积比在 0.1% ~0.25%,且表面点蚀坑可能未扩展到金属基体,其保护及外观评定等级为 8/8mE。7475 + 硼硫酸阳极化与 TC18 + 阳极化涂胶装配盐雾腐蚀后,阳极区发生少量点蚀,其点蚀面积占试样总面积比也在 0.1% ~0.25%,且表面点蚀坑可能未扩展到金属基体,覆盖层有起皮现象,其保护及外观评定等级为 9/9mE。而不涂胶装配件与 7050 评级相同。17-7PH 化学钝化经盐雾腐蚀后没发生腐蚀,其保护及外观评定等级为 10/10。盐雾试验前后,试样的宏观形貌如图 2.2(左侧照片是试验前照片,右侧照片是盐雾试验 240h 后的)所示。

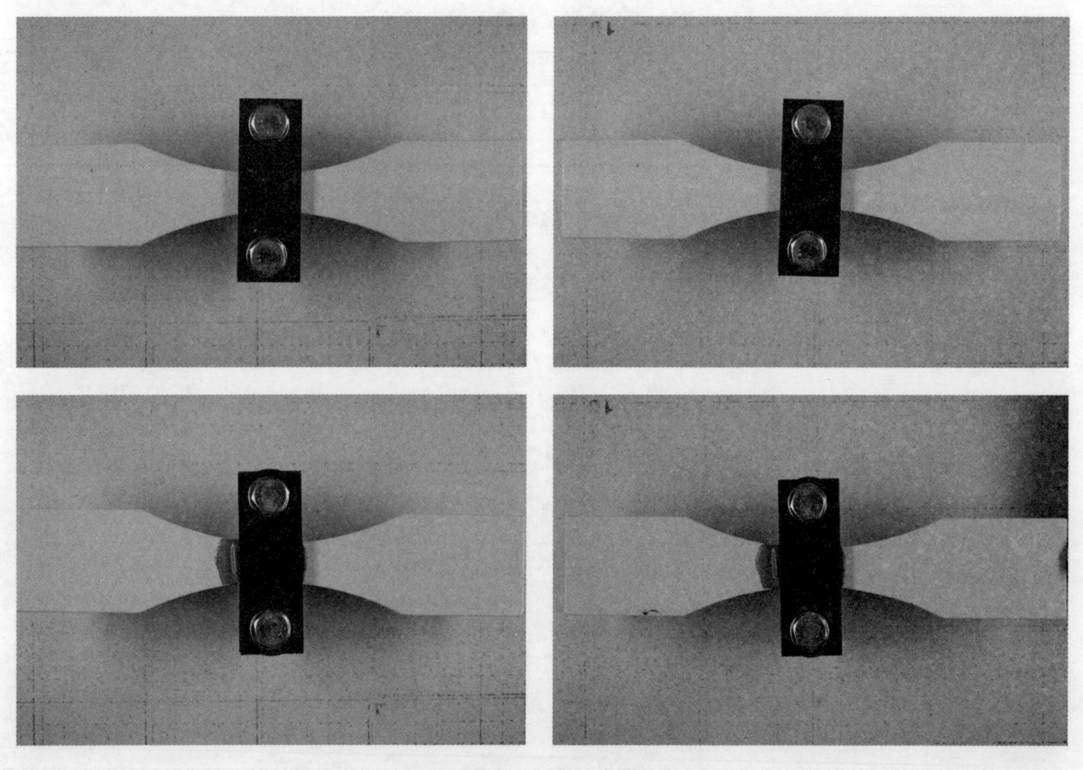

300M + 吹砂磷化 + 涂漆

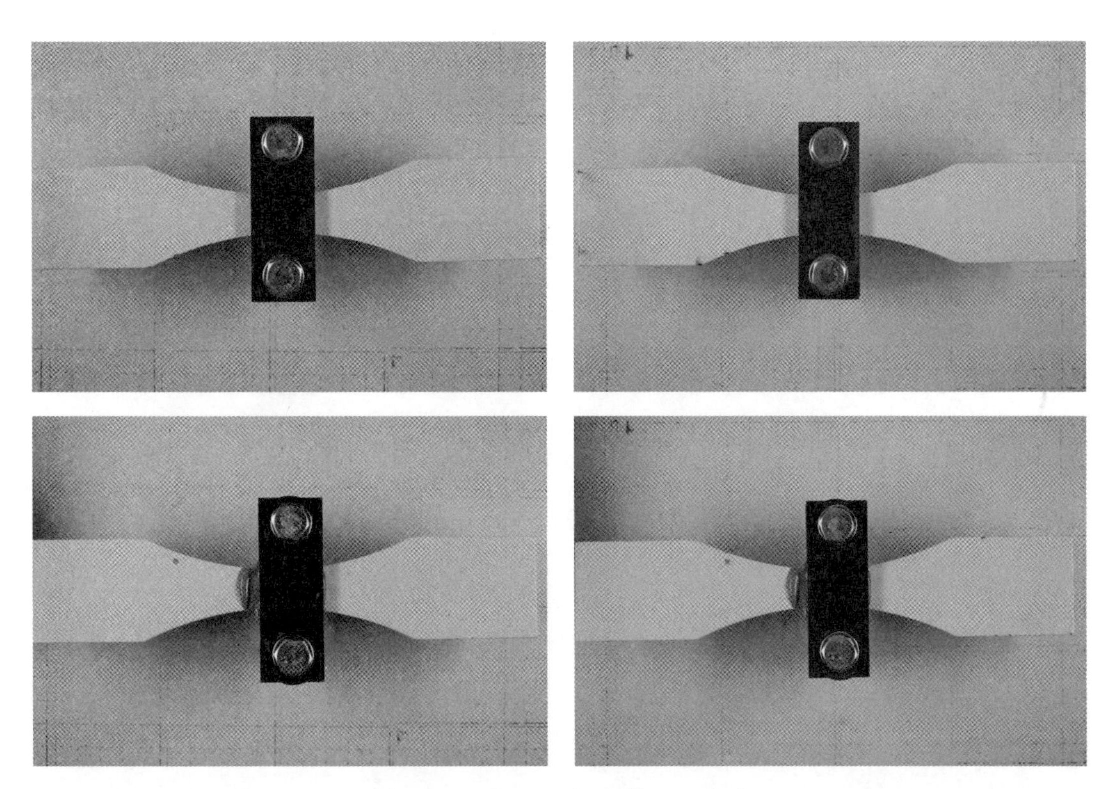

30CrMnSiNi2A＋吹砂磷化＋涂漆

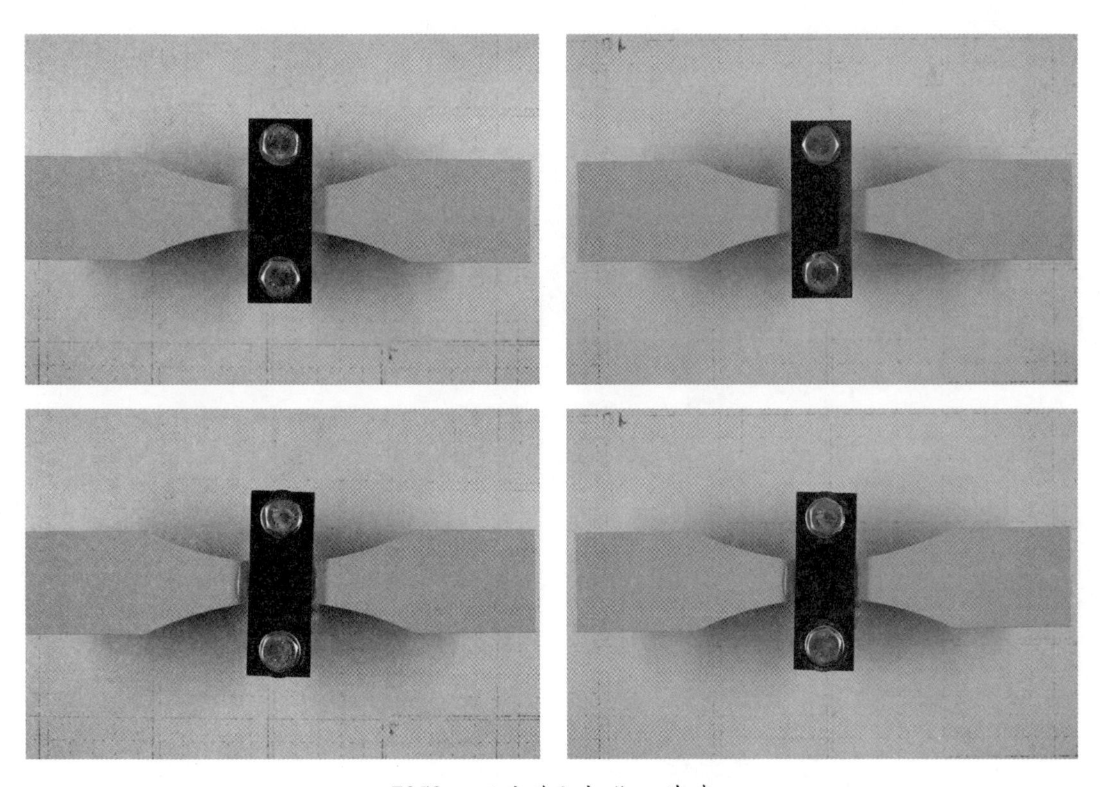

7050＋硼硫酸阳极化＋涂漆

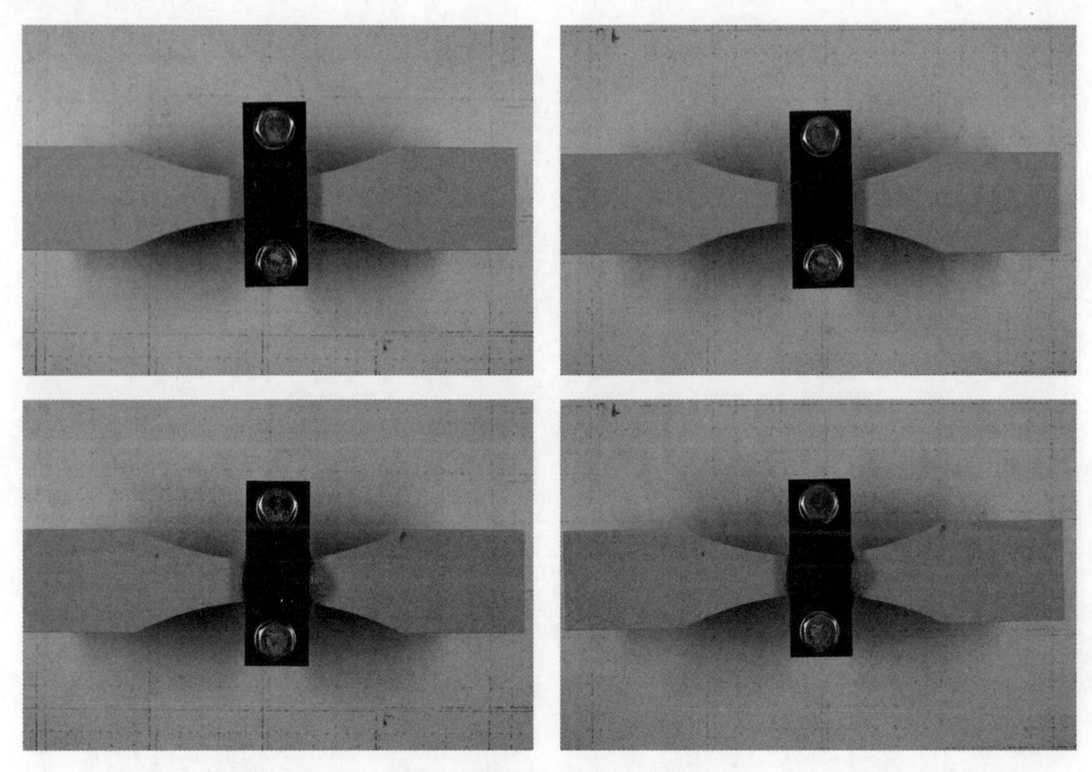

7475 + 硼硫酸阳极化 + 涂漆

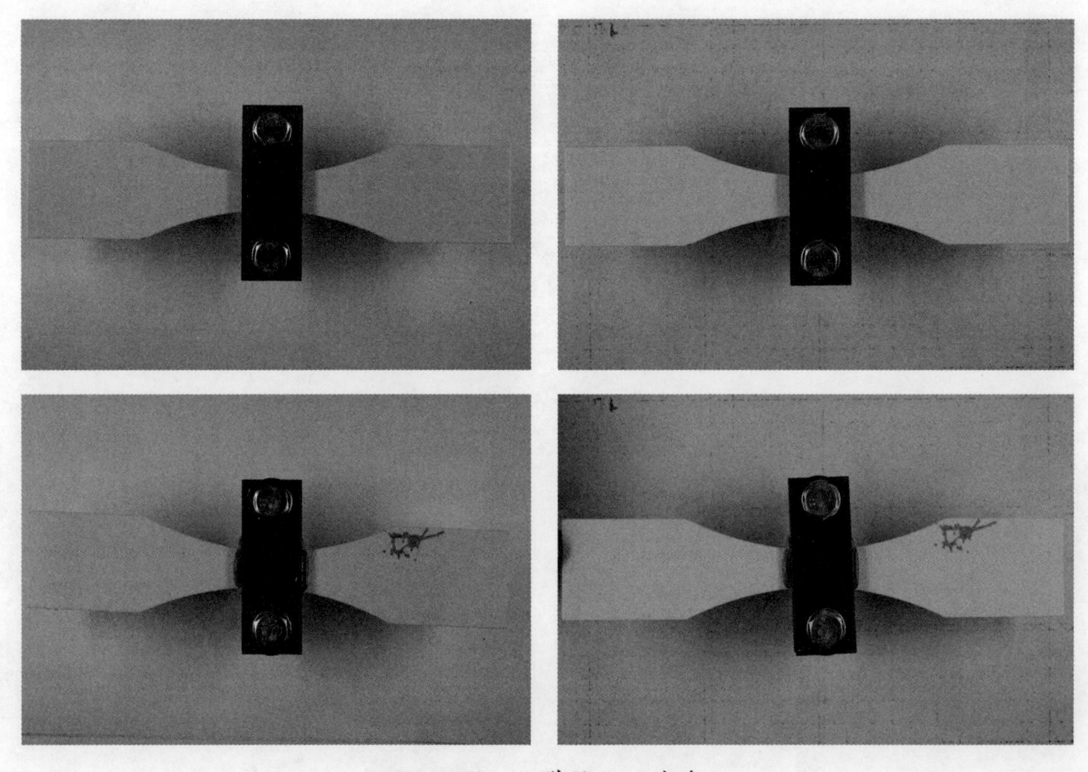

17 -7PH + 化学钝化 + 涂漆

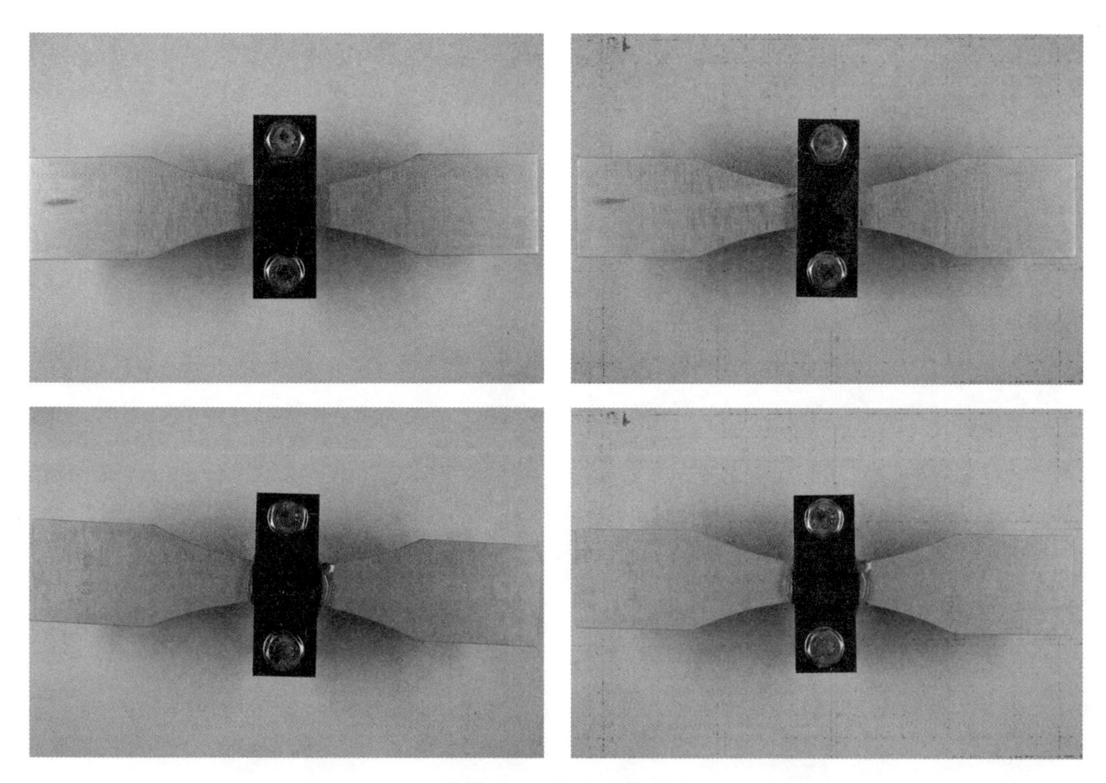

7050 + 硼硫酸阳极化

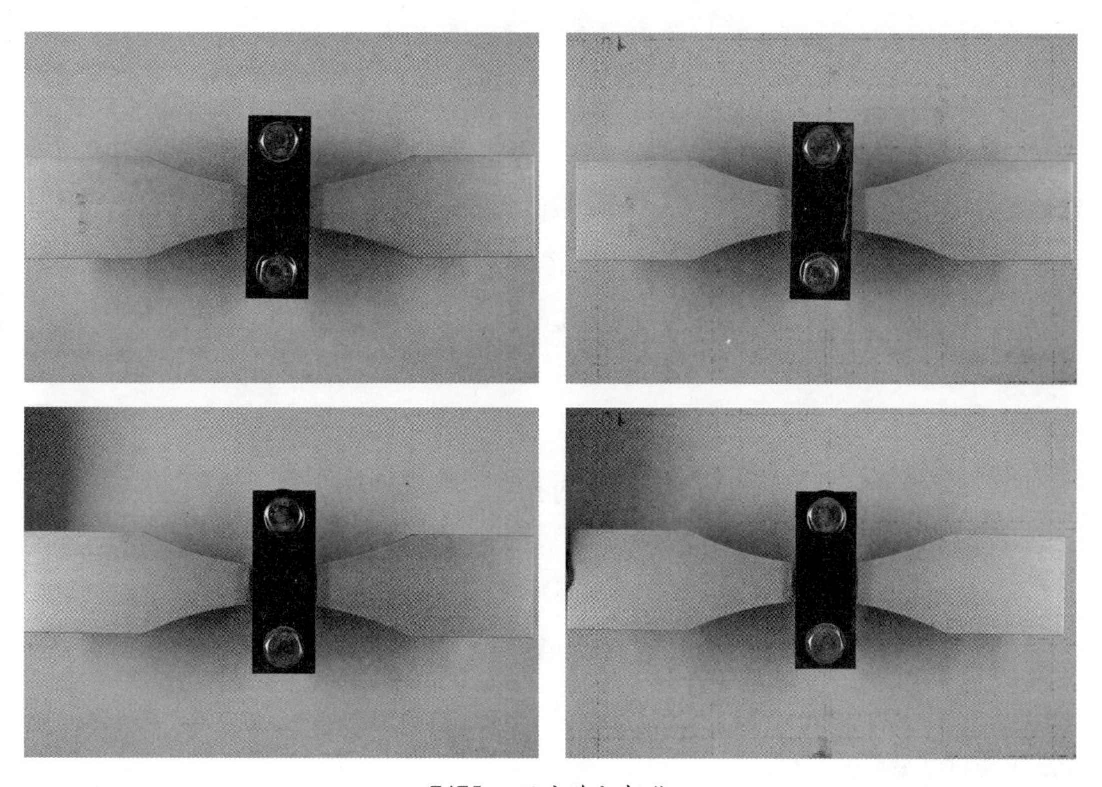

7475 + 硼硫酸阳极化

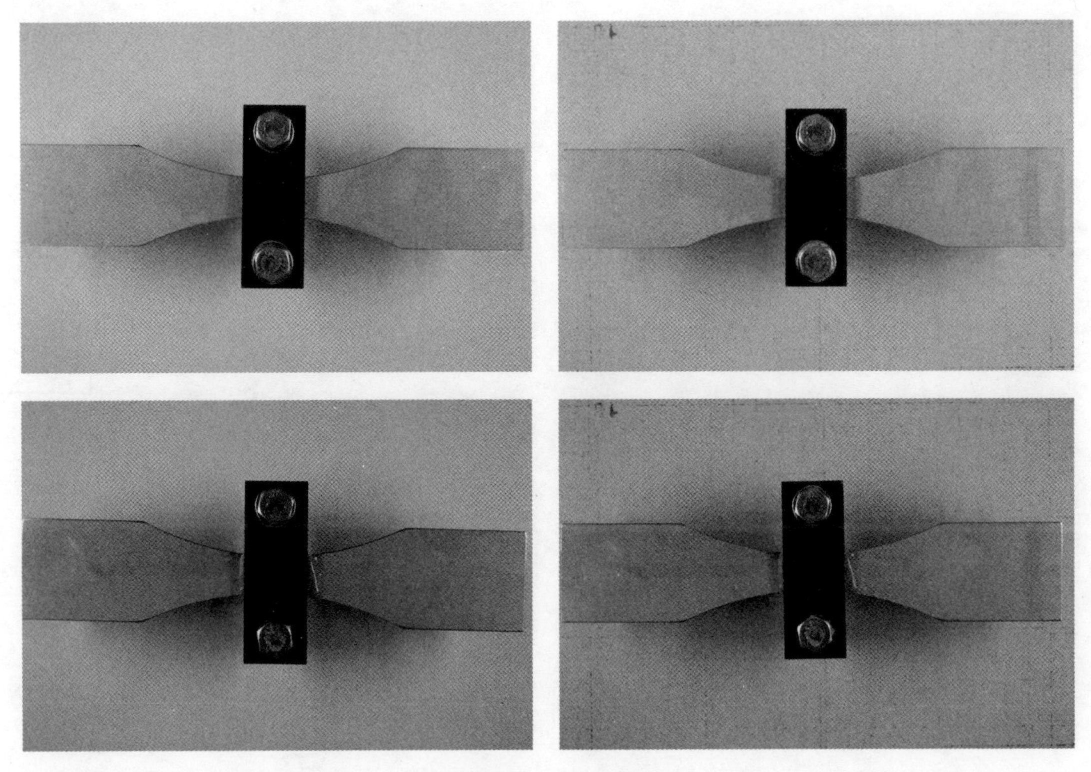

17－7PH＋化学钝化

图 2.2 盐雾腐蚀试验前后外观

盐雾试验结束后对连接件进行拆开，按照 GJB/Z594A[22] 对接触腐蚀类型等级进行评定，除了 7050＋硼硫酸阳极化和 7475＋硼硫酸阳极化与 TC18＋阳极化不胶接装配的接触腐蚀等级是 1 级，即引起接触腐蚀，但影响不严重，在大多数场合下可以使用，热带海洋条件除外，其余均未引起接触腐蚀，其接触腐蚀等级是 0 级，可安全使用[12]。

2.3 盐雾腐蚀对抗拉强度的影响

对没经腐蚀的试样（称为对比试样）、盐雾腐蚀试样（拆掉与之装配的钛合金件）测试拉伸性能（因试样是非标准试样，无法测试屈服强度，所以只测抗拉强度），试验方法按 HB5143—1996[23] 执行。试验所用设备为 CMT4304 电子拉伸试验机，其精度为 0.5%，试验过程见图 2.3，测试结果见表 2.3。

图2.3 拉伸试验

表2.3 拉伸试验结果

材料	试样编号	σ_b/MPa	σ_b 平均值/MPa	标准差	与对比试样相对差/%	备注
300M+吹砂磷化	A0-1	1 905.03	1 907.15	10.59	0	对比试样
	A0-2	1 921.04				
	A0-3	1 895.37				
300M+吹砂磷化+涂漆(不涂胶)	A2-1Y	1 883.89	1 886.77	11.03	-1.07	
	A2-2Y	1 901.49				
	A2-3Y	1 874.93				
300M+吹砂磷化+涂漆(涂胶)	A3-1Y	1 885.49	1 876.71	11.14	-1.60	
	A3-2Y	1 883.66				
	A3-3Y	1 860.99				
30CrMnSiNi2A+吹砂磷化	B0-1	1 578.31	1 576.06	15.55	0	对比试样
	B0-2	1 593.88				
	B0-3	1 556.00				
30CrMnSiNi2A+吹砂磷化+涂漆(不涂胶)	B2-1Y	1 611.97	1 573.31	27.35	-0.17	
	B2-2Y	1 554.98				
	B2-3Y	1 552.97				
30CrMnSiNi2A+吹砂磷化+涂漆(涂胶)	B3-1Y	1 560.65	1 570.3	9.88	-0.37	
	B3-2Y	1 882.09				舍去
	B3-3Y	1 580.04				

续表

材料	试样编号	σ_b/MPa	σ_b平均值/MPa	标准差	与对比试样相对差/%	备注
7050+硼硫酸阳极化	C0-1	563.76	564.45	4.89	0	对比试样
	C0-2	570.75				
	C0-3	558.83				
7050+硼硫酸阳极化（不涂胶）	C2-1Y	560.80	563.08	10.25	-0.24	
	C2-2Y	551.82				
	C2-3Y	576.62				
7050+硼硫酸阳极化（涂胶）	C3-1Y	541.52	546.13	1.75	-3.25	
	C3-2Y	534.60				
	C3-3Y	562.26				
7050+硼硫酸阳极化+涂漆（不涂胶）	C2-11Y	522.44	522.45	5.38	-7.44	
	C2-12Y	529.07				
	C2-13Y	515.88				
7050+硼硫酸阳极化+涂漆（涂胶）	C3-11Y	537.87	545.44	2.75	-3.37	舍去
	C3-12Y	543.44				
	C3-13Y	684.47				
7475+硼硫酸阳极化	D0-1	531.25	534.63	4.72	0	对比试样
	D0-2	541.30				
	D0-3	531.34				
7475+硼硫酸阳极化（不涂胶）	D2-1Y	548.21	540.26	5.80	1.05	
	D2-2Y	538.04				
	D2-3Y	534.52				
7475+硼硫酸阳极化（涂胶）	D3-1Y	531.15	533.36	5.29	-0.24	
	D3-2Y	540.66				
	D3-3Y	528.27				
7475+硼硫酸阳极化+涂漆（不涂胶）	D2-11Y	555.03	544.22	10.82	1.79	
	D2-12Y	548.19				
	D2-13Y	529.44				
7475+硼硫酸阳极化+涂漆（涂胶）	D3-11Y	518.82	519.59	7.95	-2.8	
	D3-12Y	529.68				
	D3-13Y	510.26				

续表

材料	试样编号	σ_b/MPa	σ_b 平均值/MPa	标准差	与对比试样相对差/%	备注
17－7PH＋化学钝化	E0－1	866.80	916.00	34.86	0	对比试样
	E0－2	937.91				
	E0－3	943.27				
17－7PH＋化学钝化（不涂胶）	E2－1Y	1 001.66	991.2	29.50	8.21	
	E2－2Y	950.99				
	E2－3Y	1 020.95				
17－7PH＋化学钝化（涂胶）	E3－1Y	976.61	1007.81	22.25	10.0	
	E3－2Y	1 019.84				
	E3－3Y	1 026.98				
17－7PH＋化学钝化＋涂漆（不涂胶）	E2－11Y	864.79	909.04	50.97	0.76	
	E2－12Y	980.46				
	E2－13Y	881.88				
17－7PH＋化学钝化＋涂漆（涂胶）	E3－11Y	947.72	946.77	0.79	3.36	
	E3－12Y	945.79				
	E3－13Y	946.80				

经盐雾腐蚀后材料的抗拉强度与没腐蚀试样的抗拉强度相对差并不大。为进一步分析盐雾腐蚀对抗拉强度的影响，采用 t 检验方法将盐雾试验后的试样与没腐蚀试样的抗拉强度进行分析。设 2 个正态盐雾试样抗拉强度母体 X_1 与对比试样抗拉强度母体 X_2 的分布分别为 $N_1(\mu_1,\sigma_1^2)$ 和 $N_2(\mu_2,\sigma_2^2)$。假定 2 个母体的方差相等，记 $\sigma_1^2=\sigma_2^2=\sigma^2$，在 2 个母体上作假设：

$$H_0:\mu_1=\mu_2$$

从 2 个母体中独立地各抽 1 个子样，记子样容量、平均数和方差分别为 $n_1,\overline{X}_1,S_1^{*2}$ 和 $n_2,\overline{X}_2,S_2^{*2}$。用 $\overline{X}_1-\overline{X}_2$ 检验此项假设是否成立。

$$t=\frac{\overline{X}_1-\overline{X}_2}{\sqrt{\frac{1}{n_1}+\frac{1}{n_2}S^*}} \tag{2.1}$$

服从自由度为 n_1+n_2 的分布，其中：

$$S_1^{*2}=\frac{1}{n-1}\sum_{i=1}^{n}(X_i-\overline{X}_1)^2 \tag{2.2}$$

$$S_2^{*2}=\frac{1}{n-1}\sum_{i=1}^{n}(X_i-\overline{X}_2)^2 \tag{2.3}$$

$$S^*=\sqrt{\frac{(n_1-1)S_1^{*2}+(n_2-1)S_2^{*2}}{n_1+n_2-2}} \tag{2.4}$$

给定水平因素 α 为 0.5，查表[24]可得 $t_{\alpha/2}=(n_1+n_2-2)$，使

$$P\{|t|\geqslant t_{\alpha/2}(n_1+n_2-2)\}=\alpha \tag{2.5}$$

由一次抽样所得的子样值计算得到 $\overline{X}_1,\overline{X}_2,S^*$ 的数值。若

$$|\overline{X}_1-\overline{X}_2|\geqslant t_{\alpha/2}(n_1+n_2-2)\sqrt{\frac{1}{n_1}+\frac{1}{n_2}}S^* \tag{2.6}$$

则拒绝假设，即认为 2 个母体平均数有明显差异；若

$$|\overline{X}_1-\overline{X}_2|<t_{\alpha/2}(n_1+n_2-2)\sqrt{\frac{1}{n_1}+\frac{1}{n_2}}S^* \tag{2.7}$$

则接受假设 H_0，即认为 2 个母体平均数无显著差异。式中，$n_1,\overline{X}_1,S_1^{*2}$ 分别为盐雾腐蚀试样的试样容量、抗拉强度平均值、抗拉强度方差；$n_2,\overline{X}_2,S_2^{*2}$ 分别为没腐蚀试样，即对比试样的试样容量、抗拉强度平均值、抗拉强度方差。

对抗拉强度进行了 t 检验，其结果如表 2.4 所示。抗拉强度相对差较小，同时从 t 检验结果分析，只有 7050 + 硼硫酸阳极化 + 涂漆不胶接的 t 统计量大于临界值，其余均小于临界值。说明盐雾腐蚀 240h 接触腐蚀不明显，对拉伸性能没有显著影响，与前面的评价是一致的。

表 2.4　抗拉强度 t 检验结果

材料	表面处理	连接方式	t 统计量	$t_{0.05}$
300M	吹砂磷化 + 涂漆	不胶接	1.885 009	4.302 7
		胶接	2.80 002	4.302 7
30CrMnSiNi2A	吹砂磷化 + 涂漆	不胶接	0.123 862	4.302 7
		胶接	0.938 384	12.706
7050	硼硫酸阳极化	不胶接	0.170 194	4.302 7
		胶接	2.035 663	4.302 7
	硼硫酸阳极化 + 涂漆	不胶接	8.160 122	4.302 7
		胶接	0.502 138	12.706

续表

材料	表面处理	连接方式	t 统计量	$t_{0.05}$
7475	硼硫酸阳极化	不胶接	1.064 407	4.302 7
		胶接	0.252 883	4.302 7
	硼硫酸阳极化 + 涂漆	不胶接	1.149 337	4.302 7
		胶接	2.301 235	4.302 7
17 - 7PH	化学钝化	不涂胶	2.329 355	4.302 7
		胶接	3.140 346	4.302 7
	化学钝化 + 涂漆	不涂胶	0.159 212	4.302 7
		胶接	1.248 421	4.302 7

2.4　盐雾腐蚀对材料疲劳性能的影响

2.4.1　基本概念

(1)韦布尔分布

在结构件的试验或使用过程中,由于结构件加工精度、材料的不均匀性、原始缺陷、试验条件或使用环境等因素的影响,使得名义上一致的结构件的疲劳寿命存在较大的分散性,是一个服从偏态分布的随机变量。韦布尔(Weibull)分布是一种应用很广泛的偏态分布。实践证明,韦布尔分布能很好地拟合疲劳寿命数据[25]。其最大优点是概率密度函数存在最小安全寿命,在极高的可靠度范围内,利用该理论所给出的安全寿命或最小安全寿命仍然比较符合实际情况。

20 世纪 30 年代,瑞典工程师韦布尔对链式模型研究时发现,整个模型的寿命最终取决于其中最薄弱环节的寿命。因此,求链寿命的概率分布就转化成了求极小值分布的问题。假设各个环节的寿命相互独立,分布相同,根据概率论知识可知,链寿命 X 的分布为

$$F(x) = 1 - [1 - H(x)]^n \tag{2.8}$$

式中,$H(x)$表示具有 n 个环节寿命随机变量 $X_i(i = 1 \sim n)$的概率分布函数,当 $n \to \infty$ 时,其渐近分布表示为

$$F(x) = 1 - e^{-\varphi(x)} \tag{2.9}$$

韦布尔还提出了函数 $\varphi(x) = \left(\frac{x-\gamma}{\beta-\gamma}\right)^{\alpha}$,将其代入式(2.9),可得

$$F(x) = 1 - \exp\left[-\left(\frac{x-\gamma}{\beta-\gamma}\right)^{\alpha}\right] \tag{2.10}$$

式(2.10)就是三参数韦布尔分布函数,它既满足概率分布函数的基本条件,又能很好地拟合试验数据。式中,γ 为最小寿命参数,且 $\gamma \geqslant 0$;β 为母体破坏率为 63.2% 时的特征寿命参数;α 为韦布尔分布形状参数。当 $\gamma = 0$ 时,上述三参数韦布尔分布函数转化为双参数韦布尔分布函数,即

$$F(x) = 1 - \exp\left[-\left(\frac{x}{\beta}\right)^{\alpha} \right] \tag{2.11}$$

对式(2.11)两边求导,可得到其分布密度函数:

$$f(x) = \frac{\alpha}{\beta}\left(\frac{x}{\beta}\right)^{\alpha-1} \exp\left[-\left(\frac{x}{\beta}\right)^{\alpha} \right] \tag{2.12}$$

大量的试验数据统计分析表明,疲劳寿命分布曲线是一条单峰非对称曲线。因此,其形状参数 $\alpha > 1$。

(2)特征寿命的点估计 $\hat{\beta}$

根据疲劳寿命的分布特征,可以将疲劳寿命作为随机变量。假设疲劳寿命服从双参数韦布尔分布,其破坏率的概率累积分布函数可以表示为

$$F(N) = 1 - \exp\left[-\left(\frac{N}{\beta}\right)^{\alpha} \right] \tag{2.13}$$

则其可靠性概率累积分布函数为

$$R(N) = 1 - F(N) = \exp\left[-\left(\frac{N}{\beta}\right)^{\alpha} \right] \tag{2.14}$$

式(2.14)表示可靠性的概率,$R(N)$ 即疲劳寿命的可靠度。

对于样本容量为 n 的完全寿命子样,其特征寿命的点估计值为

$$\hat{\beta} = \left(\frac{1}{n} \sum_{i=1}^{n} N_i^{a} \right)^{1/a} \tag{2.15}$$

波音公司通过大量的试验和统计推断[25]得到形状参数 α 值:①铝合金 $\alpha = 4$;②钛合金和钢(热处理强度不高于 1 660MPa,或虽高于 1 660 MPa 但应力集中系数小于 2.5)时 $\alpha = 3$;③钢(热处理强度高于 1 660MPa,且应力集中系数大于 2.5)时 $\alpha = 2.2$。

(3)置信度系数 S_c

β 是韦布尔分布的特征值,是无法通过有限的试验得到的。β 的点估计量 $\hat{\beta}$ 是一个随机变量,建立如下概率条件:

$$p\left\{ \beta > \frac{\hat{\beta}}{S_c} \right\} = 1 - \gamma \tag{2.16}$$

则 $\hat{\beta}/S_c$ 为在置信水平 $1 - \gamma$ 下 β 的单侧置信下限,其中 S_c 称为置信度系数[26]。将式(2.16)等价变换,可得

$$p\left\{ \frac{\hat{\beta}}{\beta} < S_c \right\} = 1 - \gamma \tag{2.17}$$

由式(2.17)可知,只要确定了 $\hat{\beta}/\beta$ 的概率分布,即可确定置信度系数 S_c。费勒(Feller)证明了 $2n(\hat{\beta}/\beta)^{\alpha} \sim \chi^2(2n)$ 的渐近分布。

已知自由度为 $2n$ 的 χ^2 分布概率密度函数为

$$f_{\chi^2(2n)}(x) = \frac{1}{2^n \Gamma(n)} x^{n-1} \exp\left(-\frac{x}{2}\right), x > 0 \tag{2.18}$$

令 $x = \hat{\beta}/\beta$,由随机变量函数的概率分布法则,可得 $x = \hat{\beta}/\beta$ 的概率分布密度函数为

$$f_x(x) = \frac{\alpha n^n}{\Gamma(n)} x^{\alpha n - 1} \exp(-n x^{\alpha}), x > 0 \tag{2.19}$$

因此,由概率论知识可知,概率条件(2.17)可变换为

$$\int_0^{S_c} \frac{\alpha n^n}{\Gamma(n)} x^{\alpha n - 1} \exp(-n x^{\alpha}) \mathrm{d}x = 1 - \gamma \tag{2.20}$$

给定形状参数 α,子样大小 n,可根据式(2.20)求解得到置信度系数 S_c。当 $n=5$ 时,铝合金的 S_c 为 1.16,钢的 S_c 为 1.218。

(4)可靠度系数

以 R_S 表示可靠度,以 N_S 表示与可靠度 R_S 相对应的可靠性寿命,则可靠性概率累积分布函数(2.14)式可以表示为

$$R_S = \exp\left[-\left(\frac{N_S}{\beta}\right)^{\alpha}\right] \tag{2.21}$$

数学变换式(2.21)可变为

$$N_S = \beta/(-\ln R_S)^{-\frac{1}{\alpha}} = \beta/S_R \tag{2.22}$$

其中,S_R 为可靠度为 R_S 的可靠度系数,由式(2.22)可得到构件可靠性寿命 N_S。

(5)试件系数 S_T

构件的特征寿命受到构件细节形式和载荷形式等因素影响。构件在使用过程中,真实的使用条件与试验条件总是有一定差异的。例如,实际构件在使用状态下所承受的载荷一般的情况是随机的,并且是多种载荷的叠加,我们将之称为谱载。大量试验证明,当量应力相同的等幅载荷与谱载分别作用在同一构件上,谱载的作用更容易使构件破坏。

结构的 *DFR* 值应该是实际全尺寸构件在谱载作用下所得到的 *DFR* 值,但是全尺寸试件的谱载试验成本高、难度大,而且其结果有一定的局限性,很难应用于其他结构形式或载荷形式的构件。因此,常规的 *DFR* 试验是对应于一定材料及其加工状态的,是对代表主要构件的试件进行试验的,通常是在等幅载荷作用下,基于应力集中系数 $K_t = 1.5$ 的缺口试件和应力集中系数 $K_t = 3.1$ 的带孔试件进行的试验。对于代表主要构件的试件试验,通常给定一个大于 1 的试件系数 S_T,将结构件的特征寿命修正为 $\hat{N}_{结构} = \hat{\beta}_{试件}/S_T$,以此来修正试件与实际结构在构形上的差异。根据大量试验及实际使用状况的统计结果,波音公司给出了不同情况下的试件系数(表 2.5)。

表 2.5　试件系数 S_T[27]

试验数据来源	试件系数 S_T	
	等幅试验	谱载试验
代表主要构件的试件试验	1.3	1.1
全尺寸试验或使用数据	—	1.0

(6)结构的基本可靠性寿命

通过前面的讨论发现,构件的基本可靠性寿命并不是试验件特征寿命的点估计,而是在规定了可靠度、置信度,修正了试件与实际构件的差异之后得到的寿命值。

考虑试件系数后,把试件特征寿命的点估计值 $\hat{\beta}$ 转化为结构特征寿命点估计值 $\hat{N}$,则 $\hat{N}=\hat{\beta}/S_T$;考虑试件系数并规定可靠度和置信度之后,试件特征寿命点估计值 $\hat{\beta}$ 转化为对应置信水平 $1-\gamma$ 和对应可靠度 R_S 的结构特征寿命 N_{C_L/R_S},可以表示为

$$N_{C_L/R_S}=\frac{\hat{\beta}}{S_R\cdot S_C\cdot S_T}\tag{2.23}$$

若置信度 C_L 和可靠度 R_S 都取 95%,根据式(2.23)可得基本可靠性寿命 $N_{95/95}$。

(7)*DFR* 的计算

由前面的讨论可知,*DFR* 法是基于韦布尔分布建立的疲劳可靠性寿命分析方法,它规定了 95% 置信度和 95% 可靠度的基本可靠性指标。这个可靠性指标有一定的适用范围,它适用于破坏后不危及安全、易于检查及维修的结构[28]。

DFR 法建立在以下基本条件之上[29]:

a. 结构疲劳寿命服从韦布尔分布;

b. 在 $3.5\times10^3\sim n\times10^6$ 循环区间,S_m 为常数时,$\lg Sa\sim\lg N$ 间关系为直线,如图 2.4 所示,其斜率为 B,斜率参量为 S,其值如表 2.6 所示;

c. 在 $3.5\times10^3\sim n\times10^6$ 循环区间,等寿命线为直线,且所有等寿命线与 S_m 轴都交于同一点 S_{m0}(图 2.5),其中 S_{m0} 值如表 2.6 所示;

表 2.6　特征参数表

材料	α	S	Bm	S_{m0}/MPa
铝合金	4.0	2.0	−3.32	310
中强钢	3.0	1.8	−3.92	930
高强钢	2.2	1.8	−3.92	1240

d. 在双对数坐标系中,不同可靠度 *Rs* 的 $S-N$ 曲线是平行的;

e. 在 $1\sim3.5\times10^3$ 寿命区间,S_m 为常数时,$\lg S_a\sim\lg N$ 曲线也为直线。

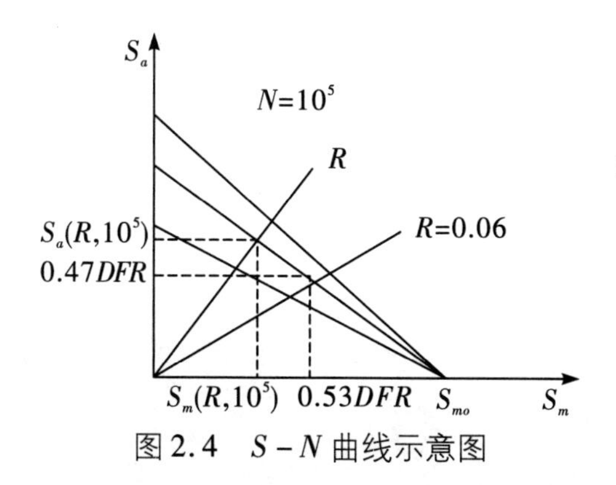

图2.4　$S-N$ 曲线示意图

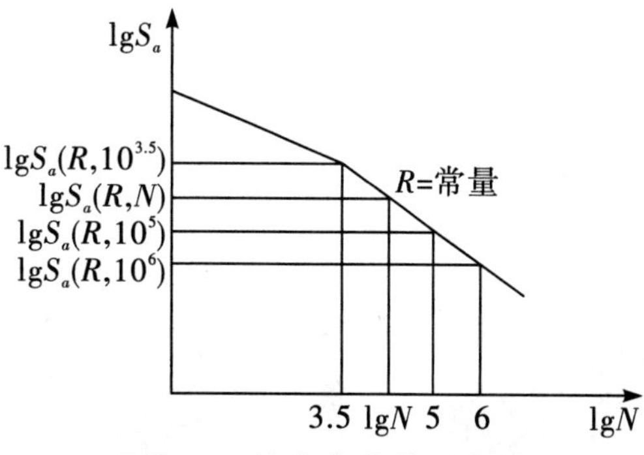

图2.5　等寿命曲线示意图

根据以上基本假设，标准 S-N 曲线方程可以表示为如下形式：

$$\lg N = A + B\lg S \tag{2.24}$$

$R=0.06$ 的直线和 $N=10^5$ 的等寿命线的交点为 $S_m=0.53DFR$，$S_a=0.47DFR$；由式(2.24)可得

$$\lg 10^5 = A + B_m(0.47DFR) \tag{2.25}$$

可求得

$$A = \lg 10^5 - B_m\lg(0.47DFR) = \lg\frac{10^5}{(0.47DFR)^{B_m}} \tag{2.26}$$

将式(2.26)代入式(2.24)，可得

$$\lg N = \lg\frac{10^5}{(0.47DFR)^{B_m}} + \lg S_{aD}^{B_m} \tag{2.27}$$

式中，S_{aD}为 $S-N$ 曲线上 $S_m=0.53DFR$ 所对应的应力幅值。

对于任意一条等寿命曲线，由几何关系可得

$$\frac{S_{aD}}{S_a} = \frac{S_{mo}-0.53DFR}{S_{mo}-S_m} \tag{2.28}$$

即

$$S_{aD} = \frac{S_{mo}-0.53DFR}{S_{mo}-S_m}S_a \tag{2.29}$$

将式(2.29)代入式(2.27)，可得

$$\lg N = \lg\frac{10^5}{(0.47DFR)B_m} + \lg\left(\frac{S_{mo}-0.53DFR}{S_{mo}-S_m}S_a\right)^{B_m} \tag{2.30}$$

将 $S_a=\frac{1}{2}(1-R)S_{\max}$和 $S_m=\frac{1}{2}(1+R)S_{\max}$代入式(2.30)，通过变换，可得

$$DFR = \frac{S_{mo}(1-R)}{0.94\dfrac{S_{mo}}{S_{\max}}X-(0.47X-0.53)-R(0.47X+0.53)} \tag{2.31}$$

2.4.2 疲劳试样及试验方法

疲劳性能试验试样与拉伸性能试样相同，试验方法按 GB/T3075 - 2008[30] 进行，试验在 PLD - 100 疲劳机上进行，如图 2.6 所示。

图 2.6　疲劳试验

参考 *DFR* 法，测试每种材料对比试样（没腐蚀）的细节疲劳额定强度 *DFR* 值。细节疲劳额定强度（detail fatigue rating）方法是 20 世纪 80 年代由波音公司提出的，其做法是给定寿命 N，确定材料或结构所能承受的最大应力水平 σ_{max}（R 一定时）。*DFR*（细节疲劳额定强度）定义为材料/构件在应力比 $R = 0.06$，对应可靠度 $R = 95\%$ 和置信度 $C = 95\%$ 的条件下，寿命 $N_{95/95} = 10^5$ N 时以最大应力表示的疲劳强度。*DFR* 方法的优点在于将结构疲劳/耐久性设计简化为类似静强度设计的方法。细节疲劳强度额定值是结构本身固有的疲劳性能特征值，是一种对结构质量和耐重复载荷能力的度量，与使用的载荷无关。*DFR* 法以结构细节固有的疲劳性能品质作为疲劳性能参数来估算结构细节疲劳寿命，简单可靠的特点使得其在民用飞机疲劳寿命设计和耐久性分析中得到广泛应用[31]。

2.4.3 对比试样的 *DFR* 值

参考 *DFR* 方法中的单点法测定 $R = 0.1$，$f = 10$Hz 时，300M 钢、30CrMnSiNi2A 钢、7050 铝合金、7475 铝合金和 17 - 7PH 不锈钢的对比（没腐蚀）试样疲劳寿命为 10^5 N 所对应的应力值。疲劳强度要求每种材料在 $N = 10^4 \sim 10^6$ 区间确定一应力水平。试验选择的应力水平 σ_{max} 是根据经验选取的，在测试过程中利用升降法进行调整，使 N 值在 $10^4 \sim 10^6$ 区间，每种材料的试件数都为 5，结果见表 2.7。

表 2.7　对比试样疲劳试验结果

材料	试件编号	截面积/mm^2	最大拉力/kN	最大应力/MPa	寿命/N
300M	A0 - 4	64.118	59	920.1 856	35 382
	A0 - 5	65.238	60	919.7 164	419 193
	A0 - 6	65.575	61	930.2 326	28 496
	A0 - 7	64.260	60	933.7 068	29 193
	A0 - 8	64.813	60	925.7 473	32 577
30CrMnSiNi2A	B0 - 3	63.824	50	783.4 093	240 291
	B0 - 5	62.160	49	788.2 883	287 505
	B0 - 6	64.600	51	789.4 737	327 904
	B0 - 7	63.630	50	785.7 929	131 930
	B0 - 8	63.963	50	781.7 080	436 521
7050	C0 - 4	45.445	12	264.0 555	293 666
	C0 - 5	44.103	12	272.0 934	218 271
	C0 - 6	44.250	12	271.1 864	123 977
	C0 - 7	37.740	11	291.4 679	44 743
	C0 - 8	44.103	12	272.0 934	314 946
7475	D0 - 4	61.155	16	261.6 303	505 222
	D0 - 5	59.250	15	253.1 646	151 376
	D0 - 6	61.155	16	261.6 303	167 177
	D0 - 7	61.358	16	260.7 668	120 026
	D0 - 8	61.358	16	260.7 668	114 095
17 - 7PH	E0 - 4	33.750	16	474.0 741	493 885
	E0 - 5	33.638	16	475.6 596	351 496
	E0 - 6	33.863	16	472.4 991	210 847
	E0 - 7	33.863	16	472.4 991	371 250
	E0 - 8	33.975	16	470.9 345	307 509

韦布尔分布一般都能很好地拟合疲劳寿命数据，因此，设每一应力水平下的疲劳寿命服从双参数韦布尔分布，并按照前面介绍的基本可靠性寿命计算方法逐步计算 5 种材料的疲劳寿命在 10^5 N 时所对应的应力值。

利用 *DFR* 法中的单点法进行计算，即采用式(2.31)计算不同材料的 *DFR* 值。

式中，$X = S^{5-\lg N_{95/95}} = \left[\frac{N_{95/95}}{10^5}\right]^{\frac{1}{B_m}}$，$B_m$ 为斜率，S 为斜率参量，S_{mo} 为图 2.5 的等寿命线与 S_m 轴的交点，R 为 0.1。

得到 5 种材料对比试样的疲劳寿命在 10^5 N 时所对应的应力值，即 *DFR* 值，如表 2.8 所示。

表 2.8　5 种试验材料的参数及应力值

材料	α	β	S_T	S_C	S_R	$N_{95/95}$	S	B_m	X	S_{mo}	S_{max}	应力值 (*DFR*)/MPa
300M	2.2	202 932	1.3	1.218	2.7	61 708	1.8	−3.92	1.131 2	1 240	925.92	847.925
30CrMnSiNi2A	2.2	305 041	1.3	1.218	2.7	92 757	1.8	−3.92	1.019 4	1 240	785.73	763.244
7050	4.0	250 812	1.3	1.16	2.1	102 961	2.0	−3.32	0.991 3	310	274.18	274.057
7475	4.0	340 024	1.3	1.16	2.1	139 583	2.0	−3.32	0.904 5	310	259.59	272.276
17−7PH	3.0	370 123	1.3	1.218	2.7	112 547	1.8	−3.92	0.970 3	930	473.13	473.381

2.4.4　盐雾腐蚀对 300M 钢疲劳寿命的影响

对盐雾腐蚀后的试样（拆除钛合金连接件）进行加载的最大应力为对比试样 10^5N 寿命所对应的最大应力，即 *DFR* 值。测定 $R = 0.1$，$f = 10$Hz 时的疲劳寿命，计算其平均值，其疲劳试验结果如表 2.9 所示。

表 2.9　300M 钢盐雾腐蚀后疲劳寿命

表面处理及装配方式	试件编号	截面积/mm²	最大拉力/kN	最大应力/MPa	寿命/N	平均寿命/N
吹砂磷化＋涂漆（不涂胶）	A2−4Y	65.041 6	55 150.4	847.925	46 109	43 089.4
	A2−5Y	64.734 8	54 890.26		58 022	
	A2−6Y	64.428	54 630.11		47 974	
	A2−7Y	63.200 8	53 589.54		32 576	
	A2−8Y	64.734 8	54 890.26		30 766	
吹砂磷化＋涂漆（涂胶）	A3−4Y	63.967 8	54 239.9	847.925	46 985	66 775.4
	A3−5Y	65.195	55 280.47		123 204	
	A3−6Y	65.348 4	55 410.54		71 860	
	A3−7Y	64.734 8	54 890.26		52 035	
	A3−8Y	64.581 4	54 760.18		39 793	
	A3−9Y	65.655 2	55 670.69		46 109	

在疲劳试验中，有时会发现同一组数据中有 1 个或数个过大或过小的数据。如果仅凭主观判定加以取舍，数据的取舍往往会因人而异，缺乏统一的准则。这些过小或过大的数据是由偶然误差造成的，可以利用统计学的可疑数据处理法则对这些数据进行取舍，将那些无法分析的数据剔除掉[32]。

对于符合正态分布的一组可疑数据，可以应用 3σ、肖维那法、格拉布斯法等方法进行取舍。这里以子样容量为 n 的数据为例介绍肖维那法。

具体步骤如下：

a. 计算可疑数据的 $\overline{X}$，标准差 S。

b. 计算可疑数据的偏差和标准差的比值。

$$\frac{d_i}{S}=\frac{|X_i-\overline{X}|}{S} \tag{2.32}$$

式中，X_i 表示可疑数据；d_i 表示可疑数据和平均值的偏差。

c. 查肖维那表中相应 d/S 的值，如表 2.10 所示。

表 2.10　肖维那表中相应 d/S 值

n	4	5	6	7	8	9	10	11	12	13	14	16	18	20
d/s	1.53	1.64	1.73	1.79	1.86	1.92	1.96	2.00	2.03	2.07	2.10	2.16	2.20	2.24

d. 判定可疑数据取舍。

当 $\frac{d_i}{S}<\frac{d}{S}$，可取；当 $\frac{d_i}{S}>\frac{d}{S}$，舍弃。

根据以上取舍原则对疲劳数据进行筛选，所有数据全部有效。

用 t 检验法研究不同接触状态下盐雾腐蚀试件的疲劳寿命与对比试件的差别。由于对数疲劳寿命近似服从正态分布，因此对 300M 钢的对数疲劳寿命进行 t 检验分析，其统计量为

$$t=\frac{|\overline{X}-\mu_0|}{S^*/\sqrt{n}} \tag{2.33}$$

$$S^{*2}=\frac{1}{n-1}\sum_{i=1}^{n}(X_i-\overline{X})^2 \tag{2.34}$$

式中，$\overline{X}$ 为对数疲劳寿命的平均值，S^* 为对数疲劳寿命的标准差，$\mu_0=5$，n 为样本数，结果如表 2.11 所示。

表 2.11　300M 盐雾后的对数疲劳寿命 t 检验结果

表面处理	与 TC18 连接方式	t 统计量	$t_{0.05}$
吹砂磷化 + 涂漆	不胶接	7.203 025	2.776 4
	胶接	6.006 532	2.571

300M 钢吹砂磷化 + 涂漆与 TC18 + 阳极化连接，无论涂胶与否，盐雾腐蚀后的疲劳寿命比对比试样低 1 个数量级，均为 10^4N 数量级，说明 300M 钢吹砂磷化 + 涂漆后与 TC18 + 阳极化连接在盐雾腐蚀 240h 会降低 300M 钢的疲劳寿命。不涂胶的寿命为 43 089.4N，胶接寿命为 66 775.4N，胶接寿命高于不胶接的，涂胶对防止接触腐蚀有一定作用。因为胶接可在一定程度上防止缝隙腐蚀，降低对疲劳寿命的影响程度。300M 钢虽然表面有磷化层和漆层的保护，但由于这种保护层均为多孔的，Cl^- 可以穿透膜层，尤其是没有涂胶的，因毛细管的作用，缝隙中有盐溶液渗入，氧化反应产生 Fe^{2+}，受表面腐蚀产物的影响而累积，为了保证电荷平衡，半径小、浓度高的 Cl^- 经腐蚀产物迁入。而与 Cl^- 结合的 Fe^{2+} 会与 H_2O 作用，发生水解反应引起局部区域酸化，在酸化自催化作用下点蚀坑内金属不断溶解，点蚀不断生长，最终形成稳定的点蚀坑[33]。这种腐蚀坑可成为疲劳裂纹源，如图 2.7 所示。它会降低裂纹萌生寿命，疲劳总寿命由裂纹形成寿命和裂纹扩展寿命组成，结果必然降低疲劳总寿命。

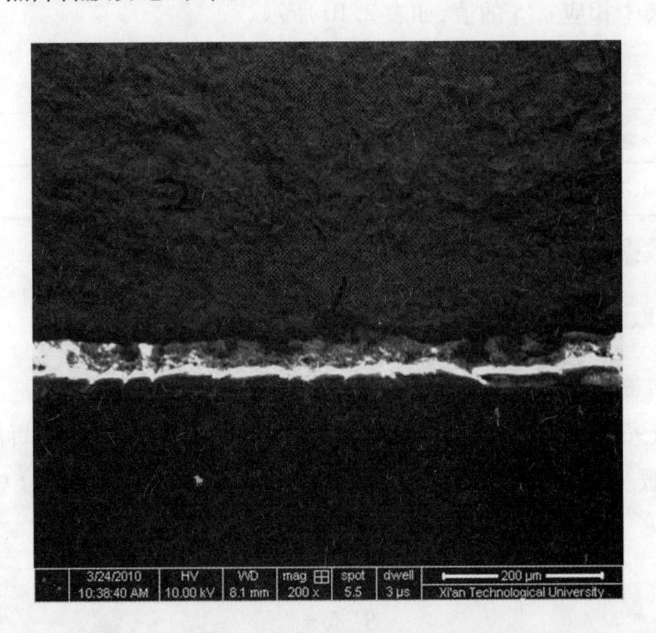

图 2.7　300M 钢吹砂磷化 + 涂漆后与 TC18
不涂胶连接盐雾腐蚀后的疲劳源

2.4.5　盐雾腐蚀对 30CrMnSiNi2A 钢疲劳寿命的影响

对盐雾腐蚀后试样（拆除钛合金连接件）测试疲劳寿命，试验条件和对比试样相同，即 $R=0.1$，$f=10\text{Hz}$，最大应力为对比试样的 *DFR* 值，即 763.244MPa，其疲劳寿命试验结果见表 2.12。

表 2.12　30CrMnSiNi2A 盐雾腐蚀后疲劳寿命

表面处理及装配方式	试件编号	截面积/mm^2	最大拉力/kN	最大应力/MPa	寿命/N	平均寿命/N
吹砂磷化 + 涂漆(涂胶)	B3 − 4Y	63.536	46 778	763.244	406 349	337 496.2
	B3 − 5Y	64.144	47 225.64		100 489	
	B3 − 6Y	63.688	46 889.91		272 539	
	B3 − 7Y	63.688	46 889.91		144 907	
	B3 − 8Y	63.536	46 778		1 060 676	
	B3 − 9Y	65.041 6	55 150.4		40 023	
吹砂磷化 + 涂漆(不涂胶)	B2 − 4Y	63.688	46 889.91	763.244	264 935	131 480
	B2 − 5Y	63.992	47 113.73		133 238	
	B2 − 6Y	63.992	47 113.73		4 555 504*	
	B2 − 7Y	63.688	46 889.91		88 501	
	B2 − 8Y	63.992	47 113.73		139 246	

注:用肖维那法取舍原则对疲劳数据进行筛选,无效数据用 * 标注。

从表 2.12 发现,30CrMnSiNi2A 钢 + 磷化 + 涂漆与 TC18 + 阳极化连接经盐雾腐蚀 240h 后,其疲劳寿命和对比试样在同一数量级,并没有降低。相比之下,30CrMnSiNi2A 钢 + 磷化 + 涂漆与 TC18 连接方式为涂胶的寿命高于不涂胶连接的寿命,说明胶接对防止接触腐蚀有一定的作用。虽然和 300M 钢一样会产生缝隙腐蚀,影响疲劳裂纹萌生,但 30CrMnSiNi2A 钢具有良好的抗疲劳性能,尤其是低的疲劳裂纹扩展速度,所以 240h 盐雾腐蚀对其疲劳寿命没有明显的影响。对 30CrMnSiNi2A 的对数疲劳寿命也进行了 t 检验,结果如表 2.13 所示,其 t 统计量小于其临界值,说明盐雾腐蚀 240h 对其疲劳寿命没有显著影响。

表 2.13　30CrMnSiNi2A 盐雾后的对数疲劳寿命 t 检验结果

表面处理	与 TC18 连接方式	t 统计量	$t_{0.05}$
吹砂磷化 + 涂漆	不胶接	1.485 232	3.182 4
	胶接	2.495 208	2.571

2.4.6　盐雾腐蚀对 7050 铝合金疲劳寿命的影响

对盐雾腐蚀后的 7050 试样(拆除钛合金连接件)加载最大应力为对比试样的 DFR 值,即 274.057MPa,试验条件和对比试样相同,在 $R=0.1$,$f=10$Hz 条件下,测试其疲劳寿命,其结果见表 2.14。

表2.14　7050盐雾腐蚀后试样疲劳寿命

表面处理及装配方式	试件编号	截面积/mm^2	最大拉力/kN	最大应力/MPa	寿命/N	平均寿命/N
硼硫酸阳极化（不涂胶）	C2－4Y	52.404 3	14 361.77	274.057	35 744	35 965.2
	C2－5Y	51.807 1	14 198.10		31 776	
	C2－6Y	52.105 7	14 279.93		36 535	
	C2－7Y	51.807 1	14 198.10		42 434	
	C2－8Y	51.359 2	14 075.35		33 337	
硼硫酸阳极化＋涂漆（不涂胶）	C2－14Y	34.637 6	9 492.677	274.057	368 212	249 451.2
	C2－15Y	34.786 9	9 533.593		120 158	
	C2－16Y	32.696 7	8 960.76		102 919	
	C2－17Y	35.085 5	9 615.427		163 979	
	C2－18Y	35.533 4	9 738.177		491 988	
硼硫酸阳极化（涂胶）	C3－5Y	43.446 3	11 906.76	274.057	57 044	76 946.4
	C3－6Y	43.147 7	11 824.93		40 812	
	C3－7Y	43.446 3	11 906.76		28 998	
	C3－8Y	42.998 4	11 784.01		124 470	
	C3－9Y	42.998 4	11 784.01		133 408	
硼硫酸阳极化＋涂漆（涂胶）	C3－14Y	55.241	15 139.18	274.057	196 809	115 778.2
	C3－15Y	55.987 5	15 343.77		83 043	
	C3－16Y	51.807 1	14 198.1		77 780	
	C3－17Y	54.046 6	14 811.85		126 914	
	C3－18Y	54.643 8	14 975.52		94 345	

注：用肖维那法取舍原则对疲劳数据进行筛选，数据全部有效。

对于盐雾腐蚀后的对数疲劳寿命也进行了 t 检验，其结果如表2.15所示。

表2.15　7050盐雾腐蚀后的疲劳性能 t 检验结果

表面处理	连接方式	t 统计量	$t_{0.05}$
硼硫酸阳极化	不胶接	20.842 43	2.776 4
	胶接	1.449 268	
硼硫酸阳极化＋涂漆	不胶接	2.326 585	2.776 4
	胶接	0.661 74	

7050 + 硼硫酸阳极化 + 涂漆后与 TC18 阳极化处理后连接，无论涂胶与否，均与对比试样寿命为同一数量级。而 7050 + 硼硫酸阳极化与 TC18 + 阳极化不涂胶连接，经盐雾腐蚀 240h，7050 的疲劳寿命为 35965.2N；7050 + 硼硫酸阳极化与 TC18 + 阳极化涂胶连接盐雾腐蚀 240h，其寿命为 76946.4N，均低于 7050 + 硼硫酸阳极化 + 涂漆试样的寿命。同时低于对比试样的寿命。这是由于表面涂漆提高了抗腐蚀的作用，由图 2.8 盐雾腐蚀后的表面形貌可以发现涂漆的作用。

连接方式不同，其疲劳寿命降低的幅度不同，涂胶可一定程度防止缝隙腐蚀，降低接触腐蚀速率，从而降低疲劳损伤程度，减小对疲劳寿命的影响。7050 与 TC18 胶接的盐雾腐蚀后的寿命高于不胶接的，7050 + 硼硫酸阳极化与 TC18 + 阳极化连接，其盐雾腐蚀后寿命低于涂漆的，尤其是与 TC18 + 阳极化不涂胶连接的。铝合金表面仅有阳极化膜层，Cl^- 很容易穿透膜层，与 TC18 连接方式为不涂胶时，缝隙腐蚀更严重。在交变载荷和腐蚀环境的交互或协同作用下，材料表面会形成腐蚀坑，在腐蚀坑的底部和边缘等部位产生应力集中，促进材料表面的腐蚀疲劳源提前生成，从而降低疲劳寿命。

t 检验结果是 7050 + 硼硫酸阳极化与 TC18 + 阳极化不涂胶统计量大于其临界值，说明 7050 铝合金仅经硼硫酸阳极化与 TC18 + 阳极化连接在盐雾环境下发生了点蚀，其腐蚀级别为 8/8mE，这种连接附近的点蚀坑成为疲劳源，从而降低其疲劳裂纹萌生的寿命，导致疲劳总寿命降低。其余 t 检验统计量均小于其临界值。7050 铝合金经硼硫酸阳极化 + 涂漆后与 TC18 阳极化连接，无论是否胶接，在盐雾腐蚀 240h 的条件下，并没有发生严重的接触腐蚀而影响其疲劳性能。

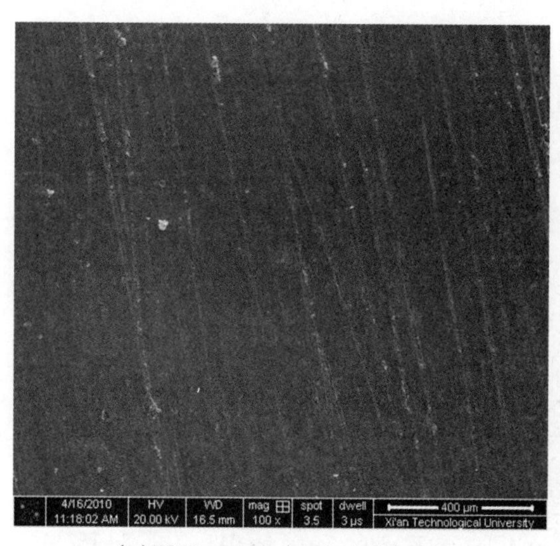

(a)7050 + 硼硫酸阳极化(涂胶)

(b)7050 + 硼硫酸阳极化 + 涂漆(涂胶)

图 2.8　铝合金盐雾腐蚀形貌

2.4.7 盐雾腐蚀对 7475 铝合金疲劳寿命的影响

对盐雾腐蚀后的 7475 试样(拆除钛合金连接件)进行疲劳寿命测试,其加载的最大应力为对比试样的 *DFR* 值,即 272.276MPa,试验条件和对比试样相同,即 $R=0.1$,$f=10\text{Hz}$,测试其疲劳寿命,试验结果如表 2.16 所示。

表 2.16 7475 盐雾腐蚀后试样疲劳寿命

表面处理及装配方式	试件编号	截面积/mm²	最大拉力/kN	最大应力/MPa	寿命/N	平均寿命/N
硼硫酸阳极化(涂胶)	D3-4Y	61.509	16 747.42	272.276	55 006	74 871.6
	D3-5Y	60.751 5	16 541.18		157 429	
	D3-6Y	60.751 5	16 541.18		40 458	
	D3-7Y	61.206	16 664.92		64 392	
	D3-8Y	60.751 5	16 541.18		82 277	
	D3-9Y	60.6	16 499.93		49 668	
硼硫酸阳极化(不涂胶)	D2-4Y	60.6	16 499.93	272.276	31 202	41 489.6
	D2-5Y	59.994	16 334.93		66 023	
	D2-6Y	59.236 5	16 128.68		21 022	
	D2-7Y	59.842 5	16 293.68		25 444	
	D2-8Y	59.842 5	16 293.68		63 757	
硼硫酸阳极化+涂漆(涂胶)	D3-14Y	61.963 5	16 871.17	272.276	96 611	105 699
	D3-15Y	61.509	16 747.42		55 779	
	D3-16Y	61.812	16 829.92		122 598	
	D3-17Y	61.963 5	16 871.17		66 916	
	D3-18Y	61.206	16 664.92		84 124	
	D3-19Y	60.297	16 417.43		208 166	
硼硫酸阳极化+涂漆(不涂胶)	D2-14Y	62.115	16 912.42	72.276	91 089	89 162.4
	D2-15Y	61.509	16 747.42		149 516	
	D2-16Y	62.569 5	17 036.17		66 043	
	D2-17Y	62.266 5	16 953.67		71 502	
	D2-18Y	62.721	17 077.42		67 662	

注:用肖维那法取舍原则对疲劳数据进行筛选,数据全部有效。

对于盐雾腐蚀后的对数疲劳寿命也进行了 t 检验,其结果如表 2.17 所示。

表 2.17 7475 盐雾后的疲劳性能 t 检验结果

表面处理	连接方式	t 统计量	$t_{0.05}$
硼硫酸阳极化	不胶接	4.189 937	2.7 764
	胶接	4.736334	2.571
硼硫酸阳极化 + 涂漆	不胶接	0.289 473	2.7 764
	胶接	1.9815	2.571

7475 铝合金经硼硫酸阳极化 + 涂漆后,与 TC18 + 阳极化涂胶连接经盐雾腐蚀 240h 后其疲劳寿命为 105 699N,与对比试样在同一数量级。7475 + 硼硫酸阳极化 + 涂漆与 TC18 + 阳极化不涂胶连接经盐雾腐蚀后的疲劳寿命是 89 162.4N,与对比试样寿命接近。而7475 + 硼硫酸阳极化与 TC18 + 阳极化连接,无论涂胶与否,其寿命均比对比试样低 1 个数量级,不涂胶连接的 7475 铝合金疲劳寿命为 41 489.6N, 涂胶连接的 7475 铝合金疲劳寿命为 74 871.6N,涂胶连接的寿命高于不涂胶的。这说明表面涂漆和涂胶连接对提高抗接触腐蚀的作用明显,主要是表面防护和涂胶防止缝隙腐蚀所致。7475 + 硼硫酸阳极化与 TC18 + 阳极化连接,无论涂胶与否,盐雾腐蚀 240h 的疲劳寿命 t 检验结果统计量大于其临界值,说明盐雾腐蚀对其疲劳性能有显著的影响;与 7050 铝合金趋势相同,也说明铝合金与 TC18 钛合金连接表面处理及胶接对防止缝隙腐蚀、接触腐蚀和点腐蚀的重要性。

图 2.9 是 7475 铝合金盐雾腐蚀后的扫描照片,从图中可以发现,表面处理对腐蚀有较大影响。7475 + 硼硫酸阳极化不涂胶与 TC18 + 阳极化连接的表面腐蚀明显,如图 2.9(a),且腐蚀是沿加工刀痕产生的。从其受力分析,刀痕与试样长度方向一致,腐蚀对静拉伸性能影响不大,但对疲劳寿命应有一定的影响,腐蚀坑很可能成为疲劳源,这样必然降低疲劳性能。

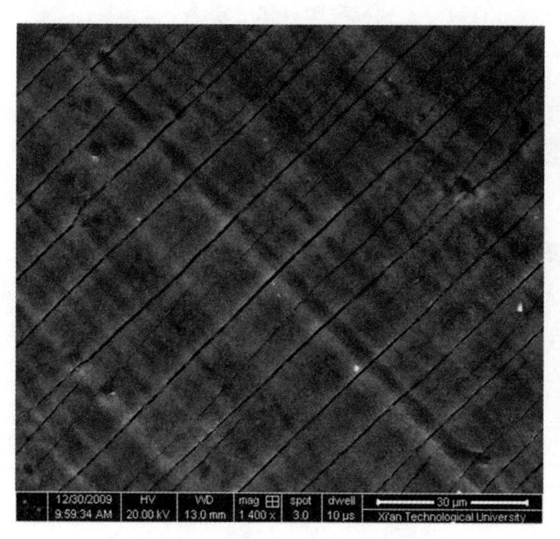

(a)7475 + 硼硫酸阳极化(不涂胶)

(b)7475 + 硼硫酸阳极化 + 涂漆(涂胶)

图 2.9 7475 铝合金盐雾腐蚀形貌

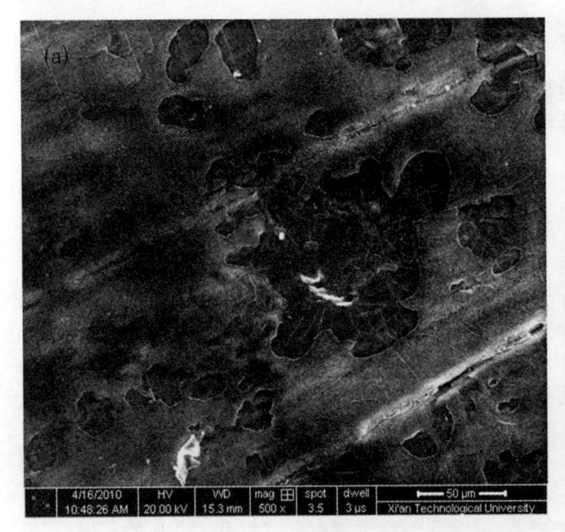

图 2.10　7475 + 硼硫酸阳极化点蚀形貌

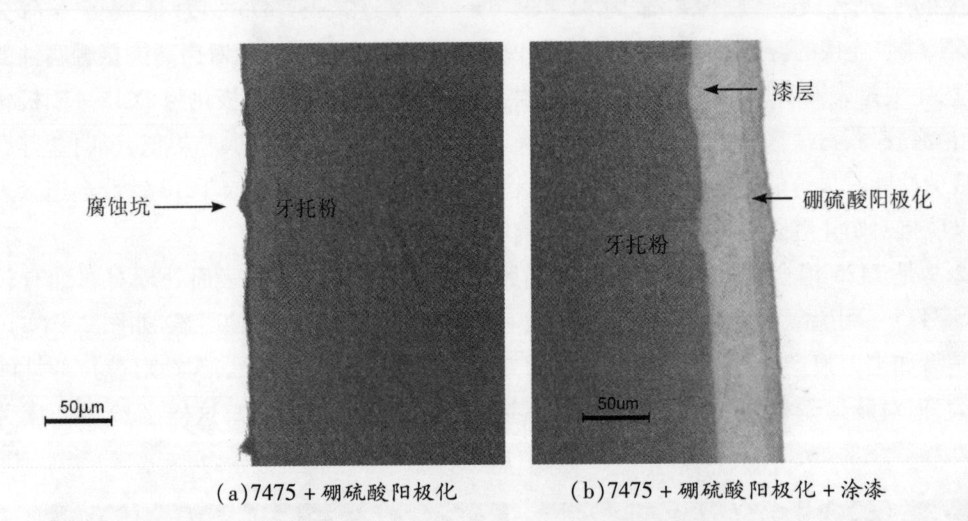

(a)7475 + 硼硫酸阳极化　　(b)7475 + 硼硫酸阳极化 + 涂漆

图 2.11　7475 盐雾腐蚀侧面形貌

从 7475 盐雾腐蚀后形貌发现，铝合金仅阳极化经盐雾腐蚀后发生明显的点蚀，点蚀已穿透阳极化膜层，如图 2.10 所示。从图 2.11 发现，7475 仅经阳极化处理的盐雾腐蚀坑明显，如图 2.11(a)所示，这必将引起应力集中，导致疲劳裂纹过早产生，降低试样的疲劳寿命。而 7475 阳极化后再漆，漆层较为完整，腐蚀并不明显，如图 2.11(b)所示，这与实验数据分析一致。

2.4.8　盐雾腐蚀对 17 - 7PH 不锈钢疲劳寿命的影响

对盐雾腐蚀后的 17 - 7PH 试样(拆除钛合金连接件后)加载最大应力为 473.381MPa，即对比试样的 *DFR* 值，在 $R = 0.1$，$f = 10\text{Hz}$ 与对比试样相同的条件下，测试其疲劳寿命，其结果见表 2.18。

表 2.18　17 -7PH 盐雾腐蚀后试样疲劳寿命

表面处理及装配方式	试件编号	截面积/mm^2	最大拉力/kN	最大应力/MPa	寿命/N	平均寿命/N
化学钝化（不涂胶）	E2 -4Y	32.856	15 553.41	473.381	237 203	527 579.6
	E2 -5Y	34.532 8	16 347.17		493 255	
	E2 -6Y	34.504	16 333.54		1 548 930	
	E2 -7Y	34.367 8	16 269.06		270 109	
	E2 -8Y	34.254 3	16 215.33		331 491	
化学钝化 + 涂漆（不涂胶）	E2 -14Y	36.945 3	17 489.2	473.381	163 700	185 470.25
	E2 -15Y	37.616 4	17 806.89		1 000 000	
	E2 -16Y	37.272	17 643.86		218 728	
	E2 -17Y	37.852 5	17 918.65		171 953	
	E2 -18Y	36.72	17 382.55		187 500	
化学钝化（涂胶）	E3 -4Y	33.484	15 850.69	473.381	315 557	573 733
	E3 -5Y	33.636 2	15 922.74		1 494 587	
	E3 -6Y	34.519 2	16 340.73		5 605 603*	
	E3 -7Y	34.163 5	16 172.35		298 503	
	E3 -8Y	34.542	16 351.53		6 761 396*	
	E3 -9Y	33.936 5	16 064.89		186 285	
化学钝化 + 涂漆（涂胶）	E3 -15Y	34.701 6	16 427.08	473.381	222 027	376 776
	E3 -16Y	35.614 8	16 859.37		2 234 119*	
	E3 -17Y	35.158 2	16 643.22		279 715	
	E3 -18Y	35.462 6	16 787.32		770 120	
	E3 -19Y	35.742 2	16 919.68		235 242	

注:用肖维那法取舍原则对疲劳数据进行筛选,无效数据用 * 标注。

试验发现,17 -7PH 不锈钢化学钝化、化学钝化 + 涂漆与 TC18 + 阳极化连接,无论胶接与否,经盐雾腐蚀后其疲劳寿命并没有降低,与对比试样在同一数量级,同时可以发现涂漆、涂胶寿命最高。17 -7PH 不锈钢与 TC18 + 阳极化钛合金之间在盐雾环境中没发生接触腐蚀和明显的点腐蚀,从而不使其疲劳寿命降低。17 -7PH 和 TC18 这 2 种材料在工程中可以经表面处理后直接接触使用,在盐雾条件下也可直接使用。

2.5 小　结

1)盐雾试验240h后按照GB/T1766对试样漆层进行检查,评价综合等级均为0级。

2) 7050+硼硫酸阳极化无论涂胶与否与TC18+阳极化连接,盐雾腐蚀240h后发现均产生少量点蚀,腐蚀等级为8/8mE。

3)7475+硫酸阳极化不涂胶与TC18+阳极化连接盐雾腐蚀240h后发现,阳极接触区域附近有少量点蚀,腐蚀等级为8/8mF;7475+硫酸阳极化涂胶与TC18+阳极化连接盐雾腐蚀240h后发现,阳极区域有轻微局部腐蚀9/9mF,腐蚀级别低于不涂胶的。

4)17-7PH+化学钝化不涂胶与TC18+阳极化连接盐雾腐蚀240h后发现,接触区发暗,无腐蚀,腐蚀等级为10/10;涂胶无腐蚀,腐蚀等级为10/10。

5)7050和7475硼硫酸阳极化与TC18阳极化不涂胶连接的盐雾240h接触腐蚀为1级,而涂胶与TC18+阳极化连接的盐雾接触腐蚀为0级;7050和7475硼硫酸阳极化+涂漆与TC18+阳极化不涂胶、涂胶连接的盐雾接触腐蚀均为0级。

6)300M吹砂磷化+涂漆、30CrMnSiNi2A吹砂磷化+涂漆、17-7PH化学钝化和17-7PH化学钝化+涂漆分别与TC18+阳极化连接,无论涂胶还是不涂胶,其盐雾腐蚀240h后,接触腐蚀为0级。

7)盐雾腐蚀240h对经不同表面处理状态的300M、30CrMnSiNi2A和17-7PH钢,以及7050、7475铝合金,在与TC18连接不同方式下的抗拉强度无显著影响。

8)盐雾腐蚀240h对5种材料抗拉强度影响不明显,但对疲劳性能有影响,对300M钢磷化+涂漆与TC18+阳极化连接,其疲劳寿命降低显著。7050和7475铝合金硼硫酸阳极化后不涂漆与TC18+阳极化不涂胶连接,盐雾腐蚀使其疲劳寿命降低显著;30CrMnSiNi2A钢磷化+涂漆与TC18+阳极化连接,17-7PH不锈钢化学钝化、化学钝化+涂漆与TC18+阳极化连接,无论胶接与否,盐雾腐蚀后疲劳寿命并没有降低,与对比试样在同一数量级,盐雾腐蚀240h没有降低其疲劳寿命。

9)表面处理可提高在盐雾介质中的抗接触腐蚀能力,尤其是涂漆后连接方式为涂胶的效果更明显。

10)加工表面质量对抗盐雾腐蚀影响明显,所以在生产中应降低表面粗糙度,以提高其抗腐蚀性能。

第 3 章

海洋大气对接触腐蚀的影响

大气腐蚀一般分为乡村大气腐蚀、工业大气腐蚀和海洋大气腐蚀。乡村地区的大气比较纯净,工业地区的大气中含有 SO_2、H_2S、NH_3 和 NO_2 等[34],而海岸附近的大气与其他大气环境相比则有明显不同。海洋大气是指海平面以上由于海水的蒸发,形成的含有大量盐分的大气环境。此类大气中盐雾含量较高,对金属会产生很强的腐蚀作用。与浸入海水中的腐蚀不同,海洋大气腐蚀同其他环境中的大气腐蚀一样,是因潮湿的气体会在物体表面形成一个薄水膜而引起的。对于异种金属偶接,这种水膜就是电解液,形成双金属腐蚀电池,引起低电位金属腐蚀,降低构件寿命。

3.1 海洋大气暴晒试验

3.1.1 暴露试验地点的气候状况

海南省远离大陆,四面环海,总的来看年平均气温高,相对湿度大,雨水充沛,日照时间长。万宁大气环境试验站地处海南省万宁市郊南海岸边,属于热带湿润区海洋气候,是我国受自然环境大气腐蚀较严重的地区。该地区主要以自然农业为主,大气较清洁,污染因素较少。青岛团岛大气环境试验站地处青岛市西南端,属亚热带半湿润海洋性气候,昼夜温差大,污染成分的含量较高,尤其是 Cl^- 含量高。海南万宁和青岛团岛试验站大气环境特征参数如表 3.1 所示。

表 3.1　海南万宁和青岛团岛试验站大气环境特征参数表

环境因素	试验站	
	万宁	团岛
年平均气温/℃	24.7	12.9
年极端最高气温/℃	36.9	32.4
年极端最低气温/℃	8.3	-8.3
年平均相对湿度/%	87	75
年降雨量/mm	1 898.8	596.9

续表

环境因素		试验站	
		万宁	团岛
大气主要污染物 /(mg · 100^{-1} · cm^{-2} · d^{-1})	Cl^-	0.670 6	0.387 4
	SO_2	0.075 8	0.647
	H_2S	0.022	0.945 8
	NH_3	0.011 4	0.166 3
雨水	pH 值	5	6.5
	Cl^-/(mg · m^{-2})	8 527	4 050
	SO_4^{2-}/(mg · m^{-2})	4 965	2 860
降尘/(mg · m^{-2} · 月$^{-1}$)	水溶	2.888 8	4.678 7
	非水溶	3.32	3.355 3

3.1.2 大气暴晒方法

参照 GB/T 19747－2005"金属和合金的腐蚀　双金属室外暴露腐蚀试验[35]",对 TC18 钛合金与 300M、30CrMnSiNi2A、7050、7475、17－7PH 偶接的试样,以及相应的未偶接触试样进行自然大气暴露试验,暴露地点为青岛团岛试验站和海南万宁试验站。每种不同表面处理的材料有 8～9 个平行样。暴晒架为铝合金制,样品用瓷柱从边部固定于架上,样品与水平面成 45°角,上表面朝向南方(朝阳),如图 3.1 所示。暴晒场的地面为草坪,附近没有影响风雨及阳光的屏蔽物,样品或架子上的雨水也不会流到其他样品上。暴晒试验时长分别为 1 年和 2 年。大气暴晒试验进行中,详细记录天气和每种材料的腐蚀变化情况,包括腐蚀程度、腐蚀位置和腐蚀产物形貌等。

(a)装配试样

(b)未装配试样

图 3.1　大气暴晒试验图

3.1.3　大气暴晒试验材料

试验件材料、表面处理和装配情况等如表 3.2 所示。

表 3.2　大气暴晒试验件材料、编号、表面处理

材料	试样编号	表面处理	装配方式	数量	地点	备注
300M	A1 – 1P1 ~ A1 – 8P1	吹砂磷化 + 涂漆	不装配	8	青岛	
	A1 – 1P2 ~ A1 – 8P2		不装配	8	海南	9 号为备用件
	A3 – 1P1 ~ A3 – 9P1		涂胶装配	9	青岛	
	A3 – 1P2 ~ A3 – 9P2		涂胶装配	9	海南	
	BA1 – 1P1 ~ BA1 – 8P1		不装配	8	青岛	
	BA1 – 1P2 ~ BA1 – 8P2		不装配	8	海南	9 号为备用件
	BA3 – 1P1 ~ BA3 – 9P1		涂胶装配	9	青岛	
	BA3 – 1P2 ~ BA3 – 9P2		涂胶装配	9	海南	
30CrMnSiNi2A	B1 – 1P1 ~ B1 – 8P1	吹砂磷化 + 涂漆	不装配	8	青岛	
	B1 – 1P2 ~ B1 – 8P2		不装配	8	海南	9 号为备用件
	B3 – 1P1 ~ B3 – 9P1		涂胶装配	9	青岛	
	B3 – 1P2 ~ B3 – 9P2		涂胶装配	9	海南	
	BB1 – 1P1 ~ BB1 – 8P1		不装配	8	青岛	
	BB1 – 1P2 ~ BB1 – 8P2		不装配	8	海南	9 号为备用件
	BB3 – 1P1 ~ BB3 – 9P1		涂胶装配	9	青岛	
	BB3 – 1P2 ~ BB3 – 9P2		涂胶装配	9	海南	
7050	C1 – 1P1 ~ C1 – 8P1	硼硫酸阳极化	不装配	8	青岛	
	C1 – 1P2 ~ C1 – 8P2		不装配	8	海南	9 号为备用件
	C3 – 1P1 ~ C3 – 9P1		涂胶装配	9	青岛	
	C3 – 1P2 ~ C3 – 9P2		涂胶装配	9	海南	
	BC1 – 1P1 ~ BC1 – 8P1		不装配	8	青岛	
	BC1 – 1P2 ~ BC1 – 8P2		不装配	8	海南	9 号为备用件
	BC3 – 1P1 ~ BC3 – 9P1		涂胶装配	9	青岛	
	BC3 – 1P2 ~ BC3 – 9P2		涂胶装配	9	海南	

续表

材料	试样编号	表面处理	装配方式	数量	地点	备注
7050	C1－11P1～C1－18P1	硼硫酸阳极化＋涂漆	不装配	8	青岛	19 号为备用件
	C1－11P2～C1－18P2		不装配	8	海南	
	C3－11P1～C3－19P1		涂胶装配	9	青岛	
	C3－11P2～C3－19P2		涂胶装配	9	海南	
	BC1－11P1～BC1－18P1		不装配	8	青岛	19 号为备用件
	BC1－11P2～BC1－18P2		不装配	8	海南	
	BC3－11P1～BC3－19P1		涂胶装配	9	青岛	
	BC3－11P2～BC3－19P2		涂胶装配	9	海南	
7475	D1－1P1～D1－8P1	硼硫酸阳极化	不装配	8	青岛	9 号为备用件
	D1－1P2～D1－8P2		不装配	8	海南	
	D3－1P1～D3－9P1		涂胶装配	9	青岛	
	D3－1P2～D3－9P2		涂胶装配	9	海南	
	BD1－1P1～BD1－8P1		不装配	8	青岛	9 号为备用件
	BD1－1P2～BD1－8P2		不装配	8	海南	
	BD3－1P1～BD3－9P1		涂胶装配	9	青岛	
	BD3－1P2～BD3－9P2		涂胶装配	9	海南	
	D1－11P1～D1－18P1	硼硫酸阳极化＋涂漆	不装配	8	青岛	19 号为备用件
	D1－11P2～D1－18P2		不装配	8	海南	
	D3－11P1～D3－19P1		涂胶装配	9	青岛	
	D3－11P2～D3－19P2		涂胶装配	9	海南	
	BD1－11P1～BD1－18P1		不装配	8	青岛	19 号为备用件
	BD1－11P2～BD1－18P2		不装配	8	海南	
	BD3－11P1～BD3－19P1		涂胶装配	9	青岛	
	BD3－11P2～BD3－19P2		涂胶装配	9	海南	

续表

材料	试样编号	表面处理	装配方式	数量	地点	备注
17－7PH	E1－1P1～E1－8P1	化学钝化	不装配	8	青岛	9 号为备用件
	E1－1P2～E1－8P2		不装配	8	海南	
	E3－1P1～E3－9P1		涂胶装配	9	青岛	
	E3－1P2～E3－9P2		涂胶装配	9	海南	
	BE1－1P1～BE1－8P1		不装配	8	青岛	9 号为备用件
	BE1－1P2～BE1－8P2		不装配	8	海南	
	BE3－1P1～BE3－9P1		涂胶装配	9	青岛	
	BE3－1P2～BE3－9P2		涂胶装配	9	海南	
	E1－11P1～E1－18P1	化学钝化＋涂漆	不装配	8	青岛	19 号为备用件
	E1－11P2～E1－18P2		不装配	8	海南	
	E3－11P1～E3－19P1		涂胶装配	9	青岛	
	E3－11P2～E3－19P2		涂胶装配	9	海南	
	BE1－11P1～BE1－18P1		不装配	8	青岛	19 号为备用件
	BE1－11P2～BE1－18P2		不装配	8	海南	
	BE3－11P1～BE3－19P1		涂胶装配	9	青岛	
	BE3－11P2～BE3－19P2		涂胶装配	9	海南	

3.2　海洋大气腐蚀

在暴晒结点 1 年和 2 年，按照 GB/T6461“金属基体上金属和其他无机覆盖层经腐蚀试验后的试样和试件的评级[36]”，对表面经过无机覆盖层防护的偶接试样及其未偶接试样的老化和腐蚀情况进行评价。

按照 GB/T1766“色漆和清漆涂层老化的评级方法[37]”，对表面经过有机涂层防护的偶接试样及其未偶接试样的老化和腐蚀情况进行评价。

暴露试验结束后拆开连接件，按照 GJB/Z594A 对接触腐蚀类型等级进行评定[22]。

3.2.1　团岛暴露试样的腐蚀结果

在团岛经过大气暴露试验件有机涂层、无机涂层的腐蚀及与 TC18 接触腐蚀，评价结果见表 3.3 至表 3.5，其结果为平行试样的平均值。

表 3.3　团岛大气暴晒的经有机涂层防护的接触腐蚀样品的评价

有机涂层	装配方式	光泽	色差	粉化	裂纹	起泡	开裂	斑点	粘污	生锈	泛金	脱落
300M 吹砂	不装配	21.73/63.78	5.04/2.83	2/3	0	0	0	0	2	0	0	0
磷化 + 涂漆	涂胶装配	—	3.01/3.29	2/3	0	0	0	0	2	0	0	0
30CrMnSiNi2A 吹	不装配	41.3/54.26	4.94/2.70	2/3	0	0	0	0	2	0	0	0
砂磷化 + 涂漆	涂胶装配	—	2.95/3.06	2/3	0	0	0	0	2	0	0	0
7050 硼硫酸	不装配	28.56/70.70	2.98/4.10	2/3	0	0	0	0	2	0	0	0
阳极化 + 涂漆	涂胶装配	—	2.77/3.34	2/3	0	0	0	0	2	0	0	0
7475 硼硫酸	不装配	20.26/68.01	4.63/3.65	2/3	0	0	0	0	2	0	0	0
阳极化 + 涂漆	涂胶装配	—	3.88/3.33	2/3	0	0	0	0	2	0	0	0
17 - 7PH 化学	不装配	36.94/67.45	6.23/1.97	2/3	0	0	0	0	2	0	0	0
钝化 + 涂漆	涂胶装配	—	2.88/3.01	2/3	0	0	0	0	2	0	0	0

注:如果 1 年和 2 年数据不同,则用 1 年数据/2 年数据表示。

表 3.4　团岛大气暴晒的经无机覆盖层防护的接触腐蚀样品的评价

无机覆盖层	装配方式	表面描述		腐蚀与防护性能评级	
		1 年	2 年	1 年	2 年
7050 硼硫	不装配	点蚀	点蚀	8/8mE	5/5mE
酸阳极化	涂胶装配	点蚀	点蚀	8/8mE	5/5mE
7475 硼硫	不装配	点蚀	点蚀	8/8mE	5/5mE
酸阳极化	涂胶装配	点蚀	点蚀	8/8mE	5/5mE
17 - 7PH 化	不装配	局部腐蚀	局部腐蚀	5/5mB	4/4mB
学钝化	涂胶装配	局部腐蚀	局部腐蚀	5/5mB	4/4mB

表 3.5　TC18 装配试样团岛大气暴晒 1 年和 2 年接触腐蚀等级评价

材料	表面处理	装配方式	试样数量	接触腐蚀等级	
				1 年	2 年
300M	吹砂磷化 + 涂漆	涂胶装配	9	0	0
30CrMnSiNi2A	吹砂磷化 + 涂漆	涂胶装配	9	0	0
7050	硼硫酸阳极化	涂胶装配	9	1	2
	硼硫酸阳极化 + 涂漆	涂胶装配	9	0	0
7475	硼硫酸阳极化	涂胶装配	9	1	2
	硼硫酸阳极化 + 涂漆	涂胶装配	9	0	0
17 - 7PH	化学钝化	涂胶装配	9	0	0
	化学钝化 + 涂漆	涂胶装配	9	0	0

图 3.2 至图 3.6 为表面有有机涂层样品经海洋大气暴晒后的光学照片，照片显示涂层保护效果很好，没有明显的腐蚀现象，海洋大气暴晒 2 年试样和 1 年试样没有明显差异。

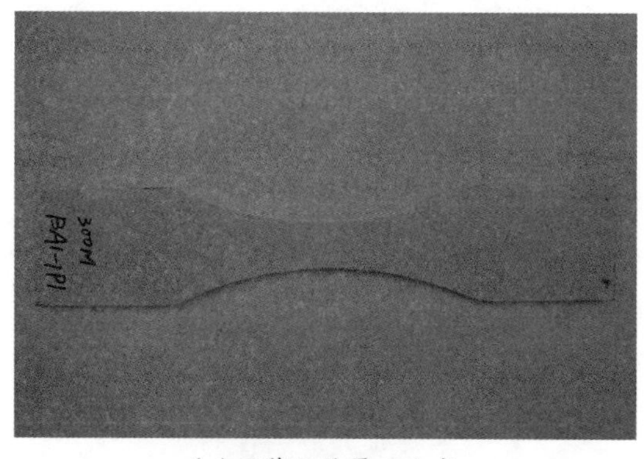

(a) 不装配件暴晒 1 年

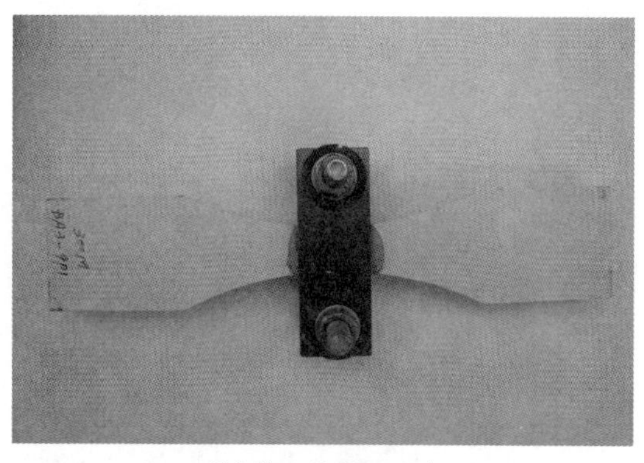

(b) 装配件暴晒 1 年

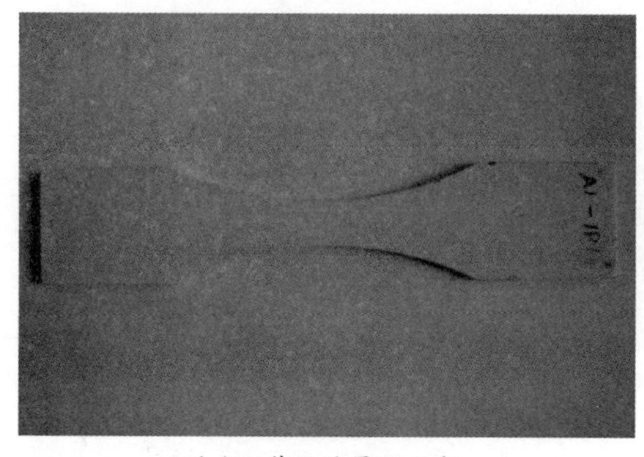

(c) 不装配件暴晒 2 年

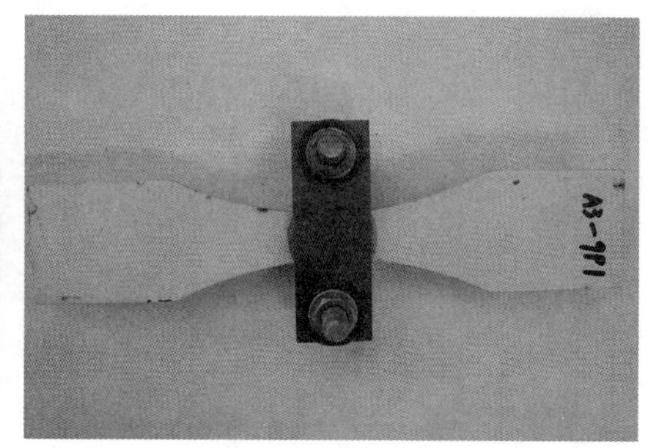

(d) 装配件暴晒 2 年

图 3.2　300M + 吹砂磷化 + 涂漆暴晒后的光学照片

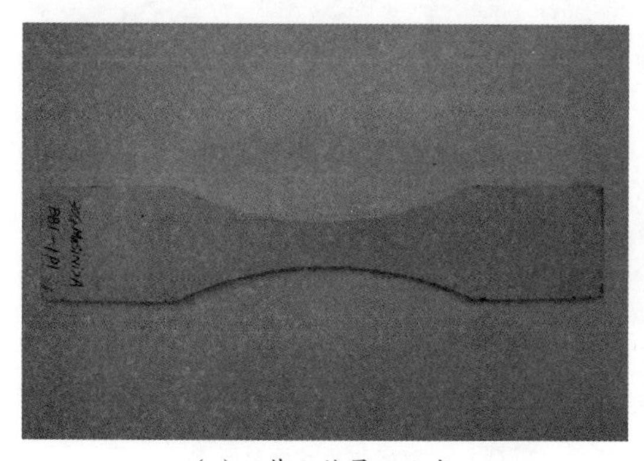

(a) 不装配件暴晒 1 年

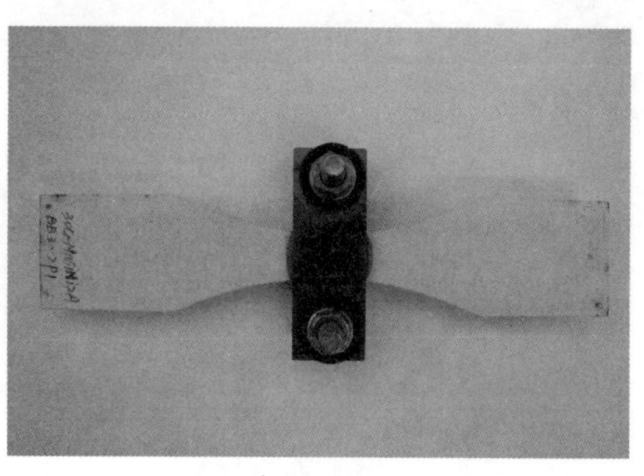

(b) 装配件暴晒 1 年

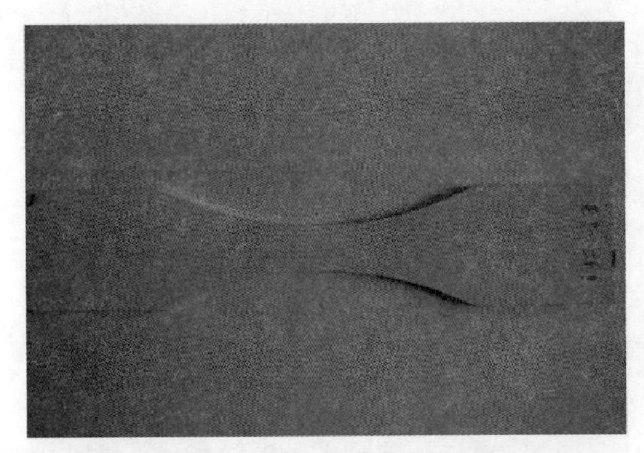

(c)不装配件暴晒 2 年

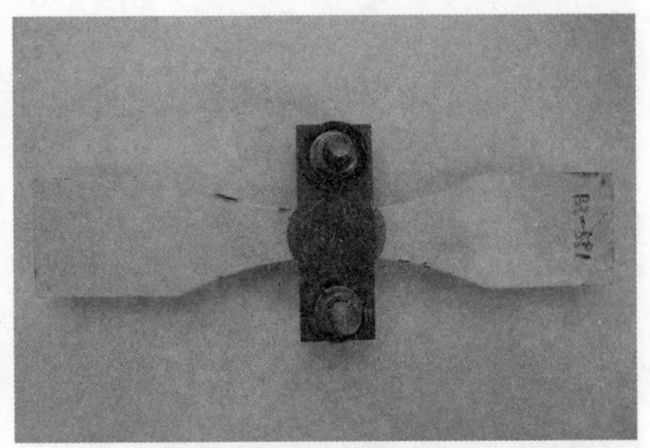

(d)装配件暴晒 2 年

图 3.3　30CrMnSiNi2A + 吹砂磷化 + 涂漆暴晒后的光学照片

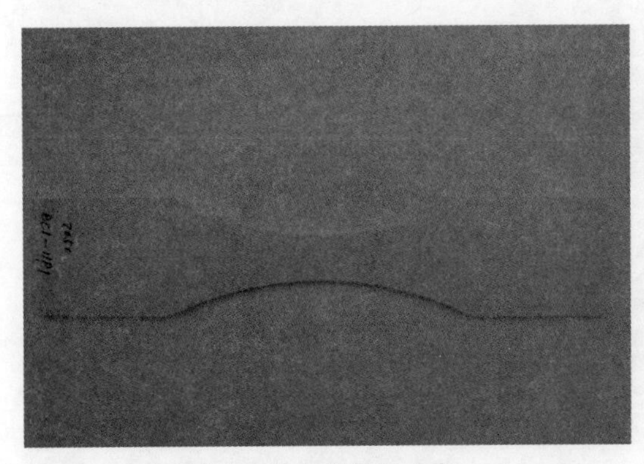

(a)不装配件暴晒 1 年

(b)装配件暴晒 1 年

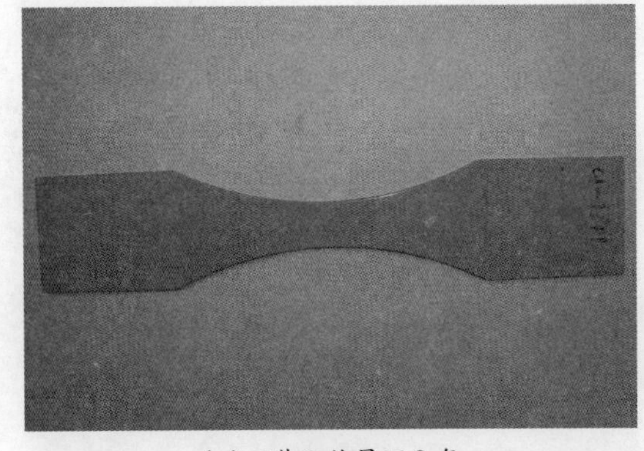

(c)不装配件暴晒 2 年

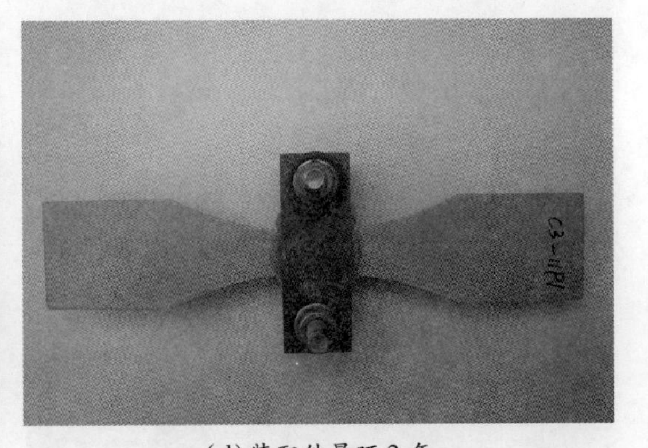

(d)装配件暴晒 2 年

图 3.4　7050 + 硼硫酸阳极化 + 涂漆暴晒后的光学照片

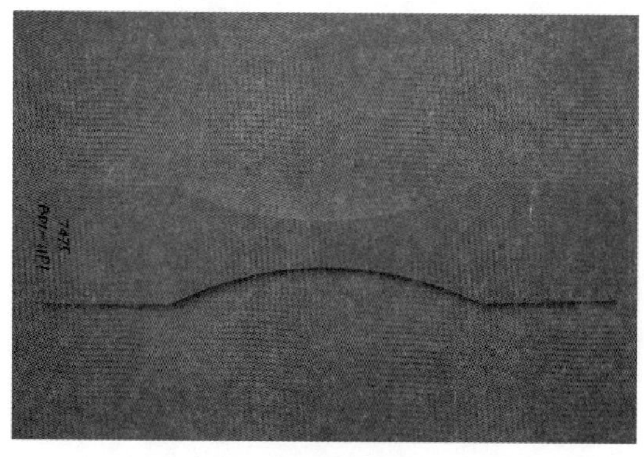

(a)不装配件暴晒1年

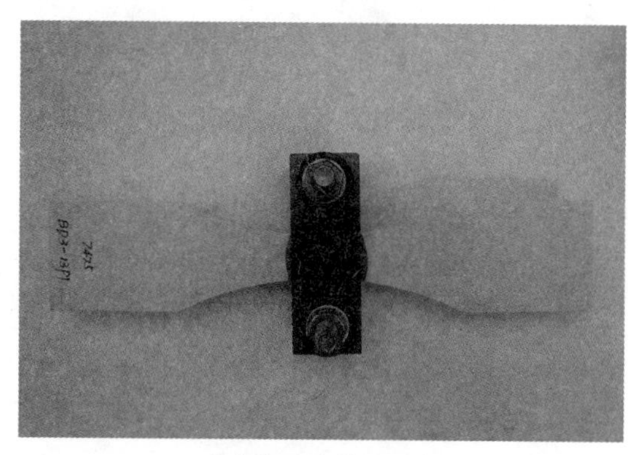

(b)装配件暴晒1年

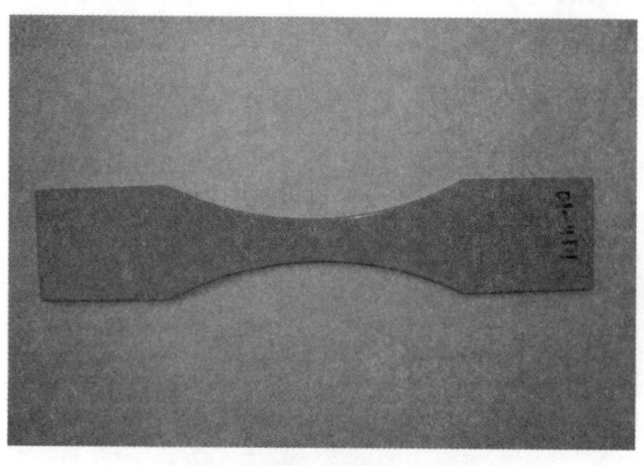

(c)不装配件暴晒2年

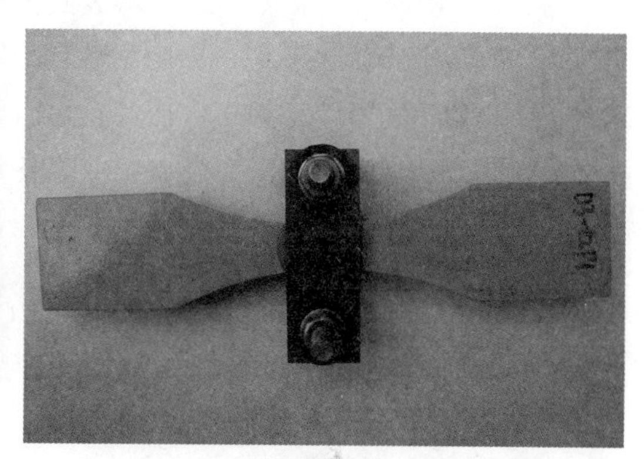

(d)装配件暴晒2年

图3.5　7475+硼硫酸阳极化+涂漆暴晒后的光学照片

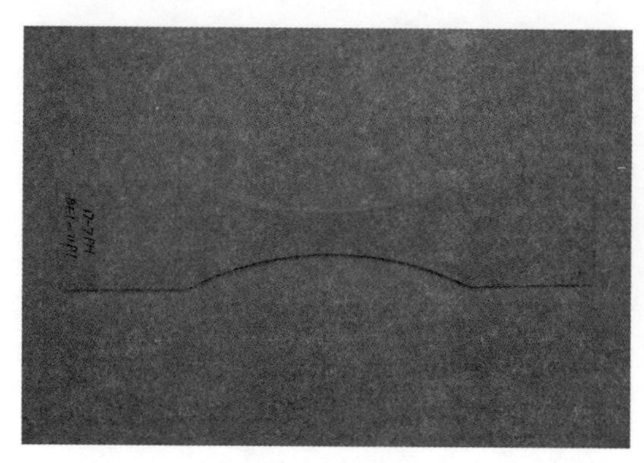

(a)不装配件暴晒1年

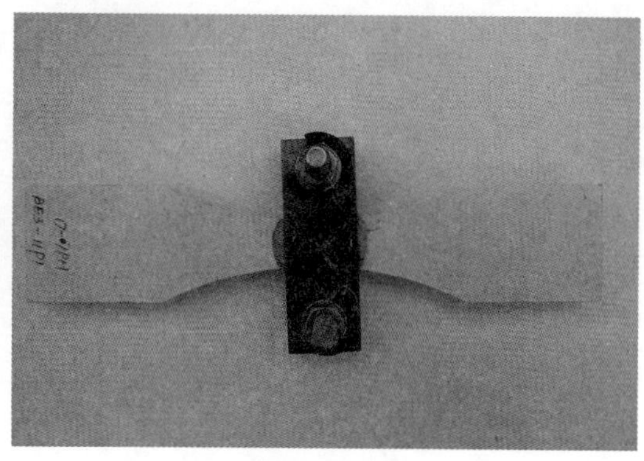

(b)装配件暴晒1年

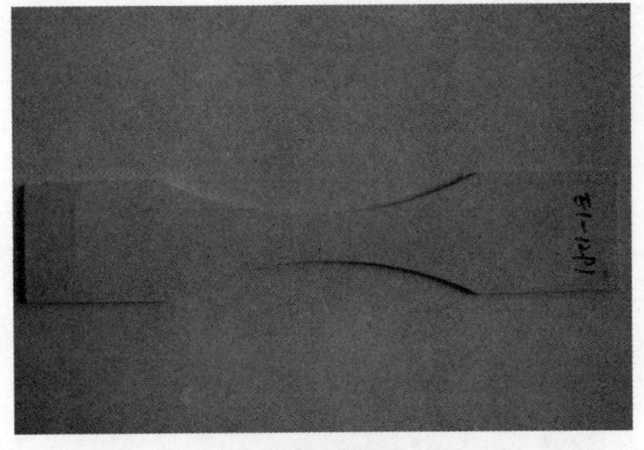

(c) 不装配件暴晒 2 年

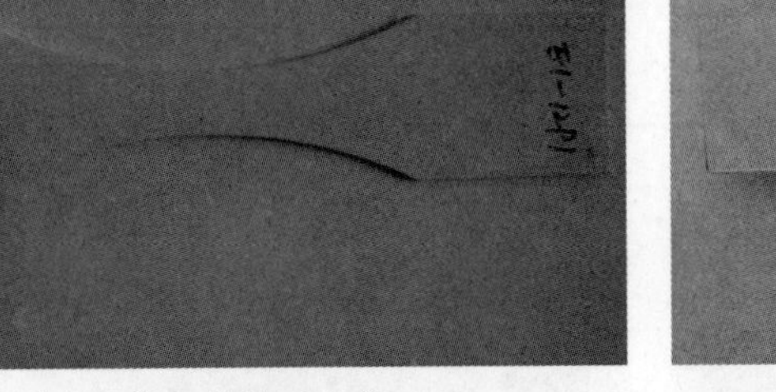

(d) 装配件暴晒 2 年

图 3.6　17 - 7PH + 化学钝化 + 涂漆暴晒后的光学照片

图 3.7 至图 3.9 为未涂漆试样，即表面仅有无机防护层的样品经大气暴晒后的光学照片，从图中可发现膜层有明显的腐蚀现象，尤其是 7050 和 7475 铝合金点蚀较严重，大气暴晒时长 2 年的比大气暴晒时长 1 年的腐蚀更严重。拆开装配件后发现，没有胶接的发生了接触腐蚀，大气暴晒时长 1 年的接触腐蚀等级为 1 级，大气暴晒时长 2 年的接触腐蚀等级为 2 级。无涂胶密封作用，由于毛细管效应，更易产生接触腐蚀。

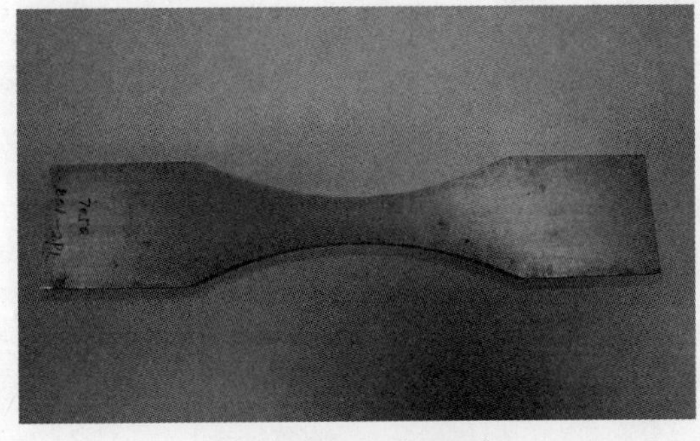

(a) 不装配件暴晒 1 年

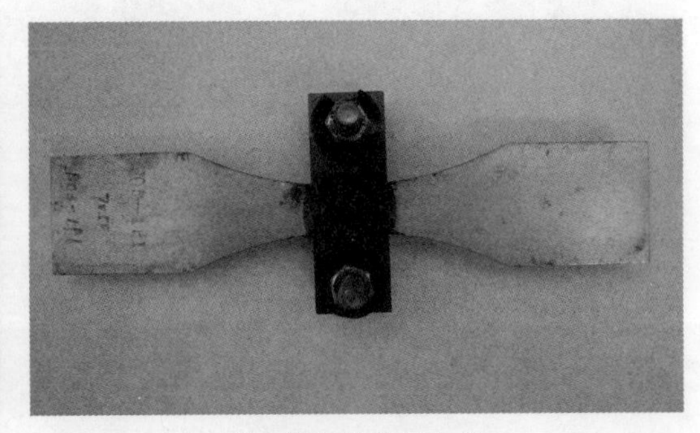

(b) 装配件暴晒 1 年

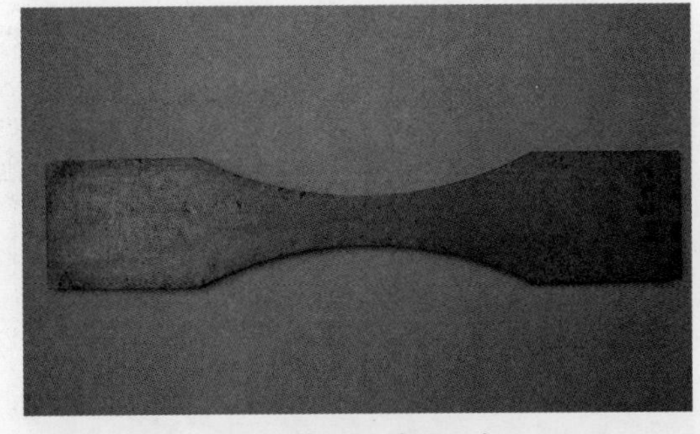

(c) 不装配件暴晒 2 年

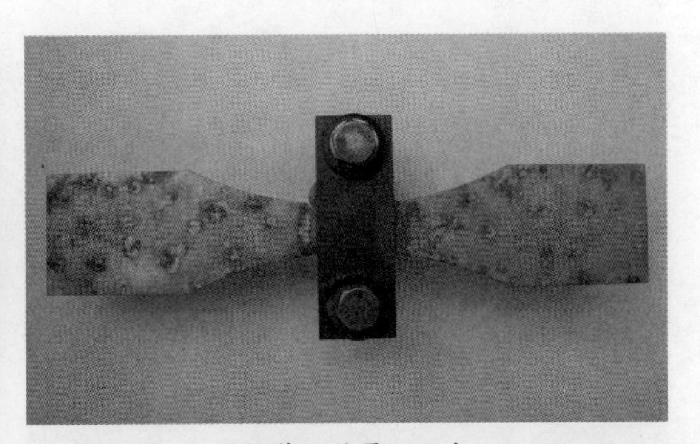

(d) 装配件暴晒 2 年

图 3.7　7050 + 硼硫酸阳极化暴晒后的光学照片

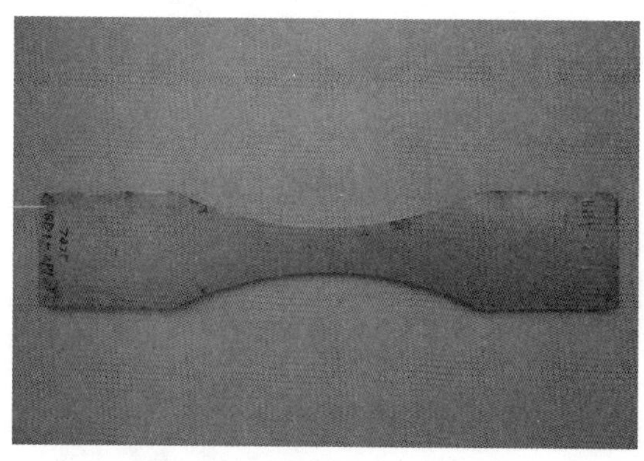

(a) 不装配件暴晒 1 年

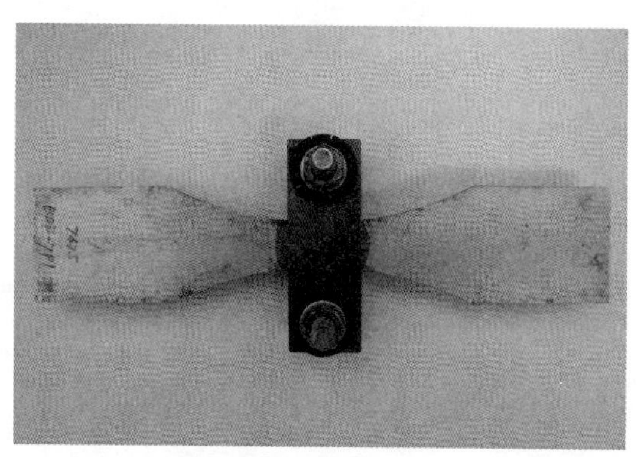

(b) 装配件暴晒 1 年

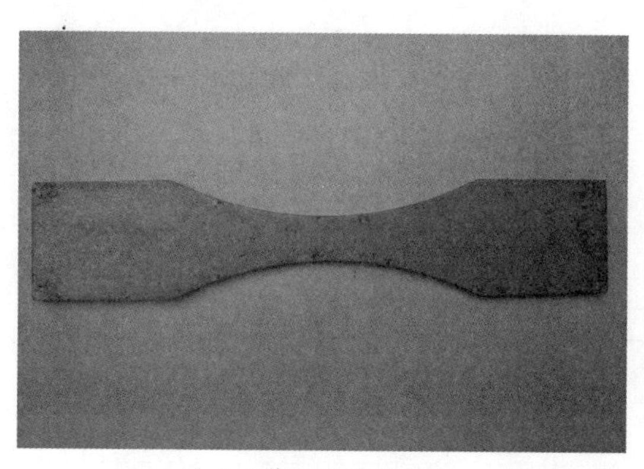

(c) 不装配件暴晒 2 年

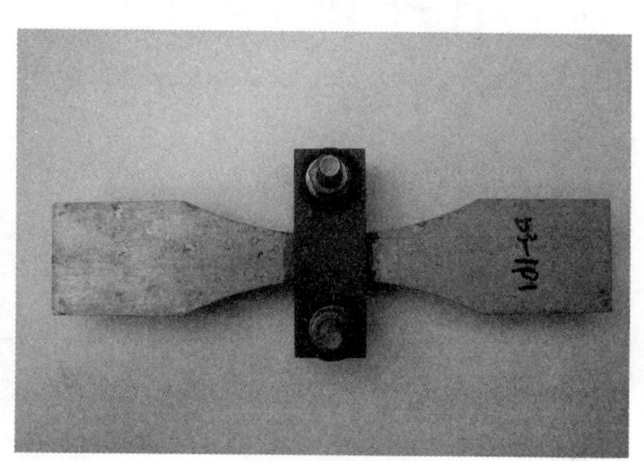

(d) 装配件暴晒 2 年

图 3.8　7475 + 硼硫酸阳极化暴晒后的光学照片

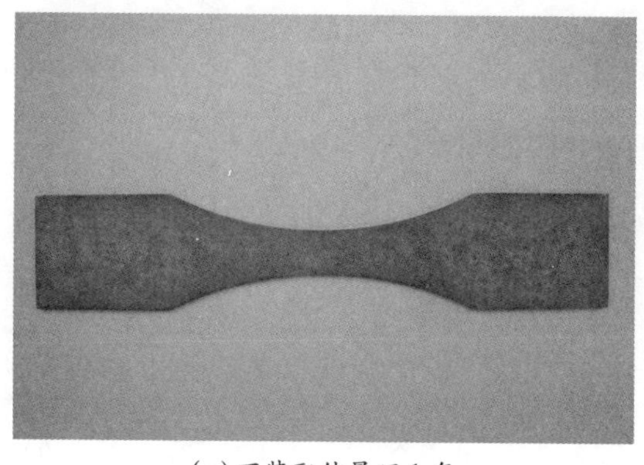

(a) 不装配件暴晒 1 年

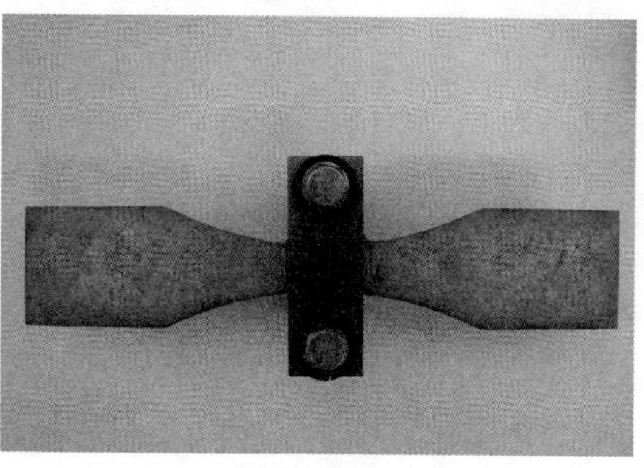

(b) 装配件暴晒 1 年

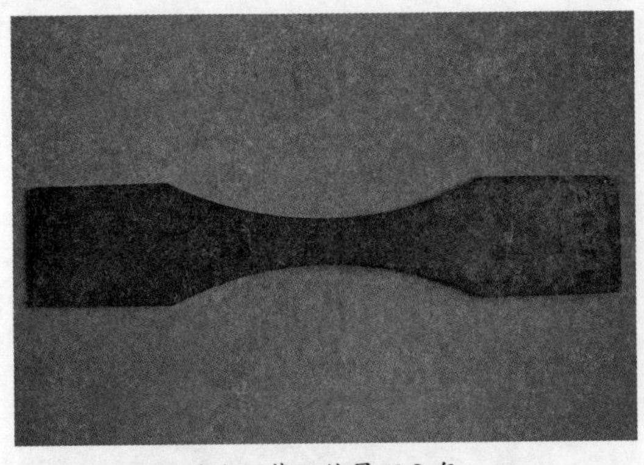

(c)不装配件暴晒2年

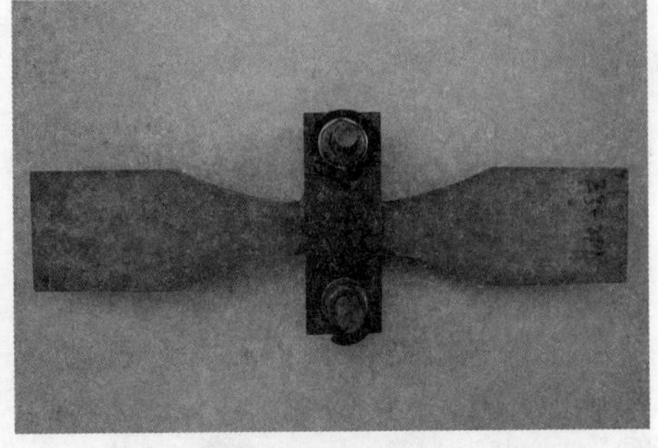

(d)装配件暴晒2年

图3.9 17－7PH＋化学钝化暴晒后的光学照片

3.2.2 万宁暴露试样的腐蚀结果

在万宁，经过1年、2年自然大气暴露试验试样的腐蚀及接触腐蚀试样评价结果见表3.6至表3.8。

表3.6 万宁大气暴晒的经有机涂层防护的接触腐蚀样品的评价

有机涂层	装配方式	光泽	色差	粉化	裂纹	起泡	开裂	斑点	粘污	生锈	泛金	脱落
300M＋吹砂磷化＋涂漆	不装配	45.99/68.16	2.58/1.75	2/3	0	0	0	0	0	0	0	0
	涂胶装配	—	—	2/3	0	0	0	0	0	0	0	0
30CrMnSiNi2A＋吹砂磷化＋涂漆	不装配	47.05/61.51	3.44/1.86	2/3	0	0	0	0	0	3/4	0	0
	涂胶装配	—	—	2/3	0	0	0	0	0	3/4	0	0
7050＋硼硫酸阳极化＋涂漆	不装配	51.16/73.39	4.13/5.32	2/3	0	0	0	0	0	0	0	0
	涂胶装配	—	—	2/3	0	0	0	0	0	0	0	0
7475＋硼硫酸阳极化＋涂漆	不装配	51.75/71.28	3.28/5.28	2/3	0	0	0	0	0	0	0	0
	涂胶装配	—	—	2/3	0	0	0	0	0	0	0	0
17－7PH＋化学钝化＋涂漆	不装配	46.37/47.73	2.61/2.05	2/3	0	0	0	0	0	0	0	0
	涂胶装配	—	—	2/3	0	0	0	0	0	0	0	0

注：如果1年和2年数据不同，则用1年数据/2年数据表示。

表 3.7　万宁大气暴晒的经无机覆盖层防护的接触腐蚀样的评价

无机覆盖层	装配方式	表面描述		腐蚀与防护性能评级	
		1 年	2 年	1 年	2 年
7050 硼硫酸阳极化	不装配	轻微点蚀	点蚀	8/7sE	5/5mE
	涂胶装配	轻微点蚀	点蚀	8/7sE	5/5mE
7475 硼硫酸阳极化	不装配	轻微点蚀	点蚀	8/7sE	5/5mE
	涂胶装配	轻微点蚀	点蚀	8/7sE	5/5mE
17 - 7PH 化学钝化	不装配	局部腐蚀	局部腐蚀	4/3sJ	6/6sJ
	涂胶装配	局部腐蚀	局部腐蚀	4/3sJ	6/6sJ

表 3.8　TC18 装配试样万宁大气暴晒 1 年和 2 年接触腐蚀等级评价

材料	表面处理	装配方式	试样数量	接触腐蚀等级	
				1 年	2 年
300M	吹砂磷化 + 漆漆	涂胶装配	9	0	0
30CrMnSiNi2A	吹砂磷化 + 涂漆	涂胶装配	9	0	0
7050	硼硫酸阳极化	涂胶装配	9	1	2
	硼硫酸阳极化 + 涂漆	涂胶装配	9	0	0
7475	硼硫酸阳极化	涂胶装配	9	1	2
	硼硫酸阳极化 + 涂漆	涂胶装配	9	0	0
17 - 7PH	化学钝化	涂胶装配	9	0	0
	化学钝化 + 涂漆	涂胶装配	9	0	0

图 3.10 至图 3.17 为试样在万宁暴晒表面照片，可发现腐蚀程度不同，30CrMnSiNi2A 吹砂磷化 + 涂漆表面出现锈蚀。7050 和 7475 铝合金硼硫酸阳极化未涂漆出现点蚀，随暴晒时间的延长点蚀加重，暴晒时长为 2 年的点蚀比暴晒时长为 1 年的严重。17 - 7PH 化学钝化后的有局部腐蚀发生。万宁暴晒试样和团岛暴晒试样表面有机涂层和无机涂层的腐蚀情况稍有差异，这和两地气候及大气成分有关，但接触腐蚀程度基本相同，光泽和色差不同。

(a) 不装配件暴晒 1 年

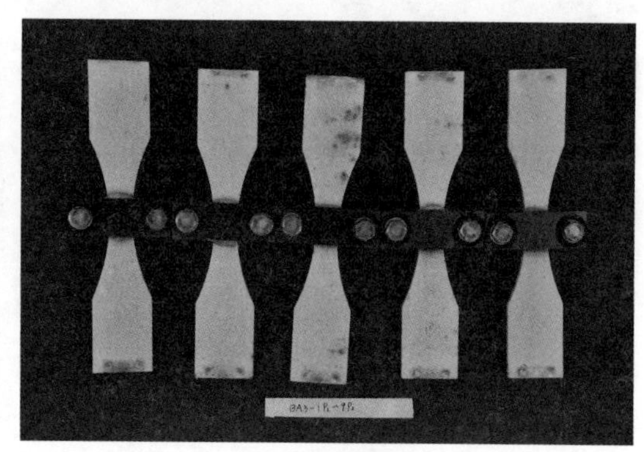

(b) 装配件暴晒 1 年

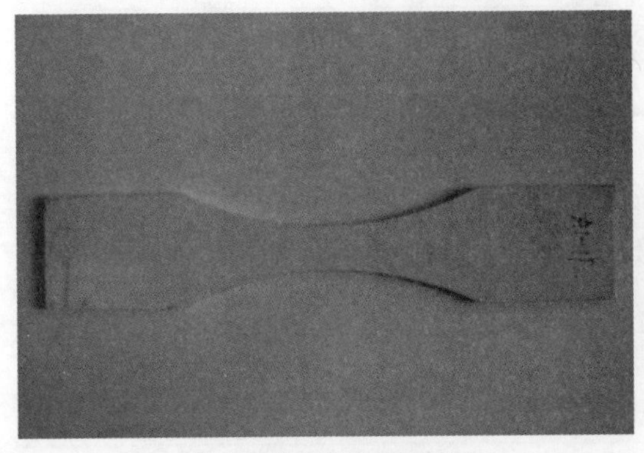

(c)不装配件暴晒 2 年

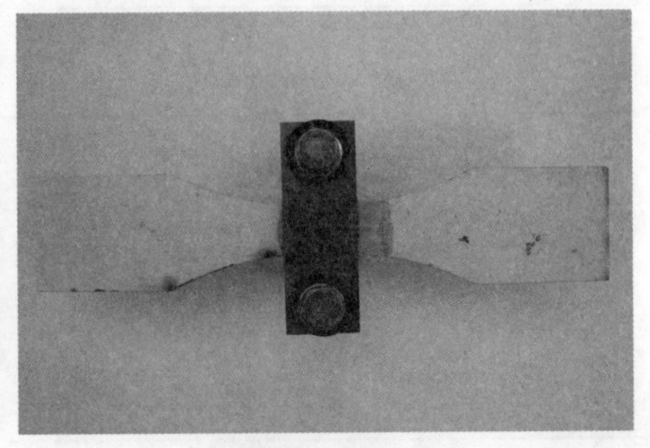

(d)装配件暴晒 2 年

图 3.10　300M + 吹砂磷化 + 涂漆暴晒后的光学照片

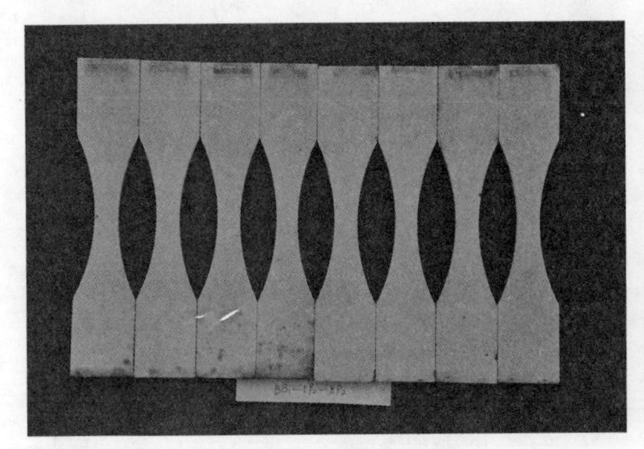

(a)不装配件暴晒 1 年

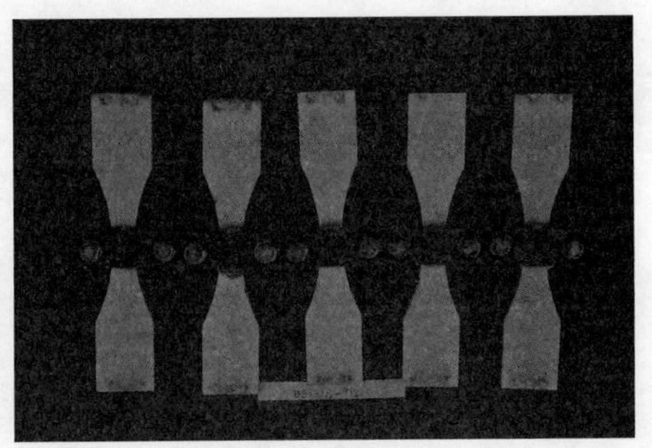

(b)装配件暴晒 1 年

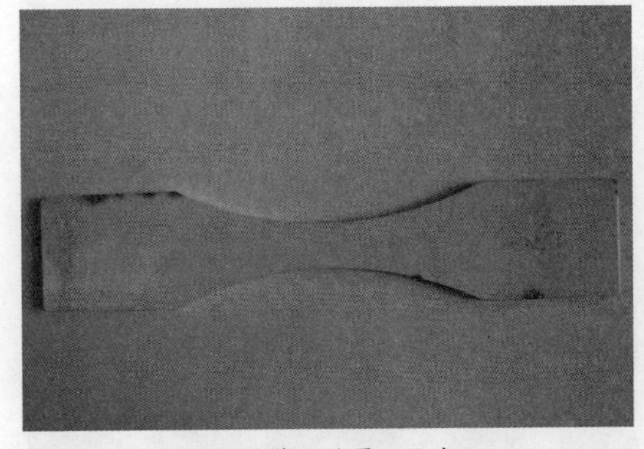

(c)不装配件暴晒 2 年

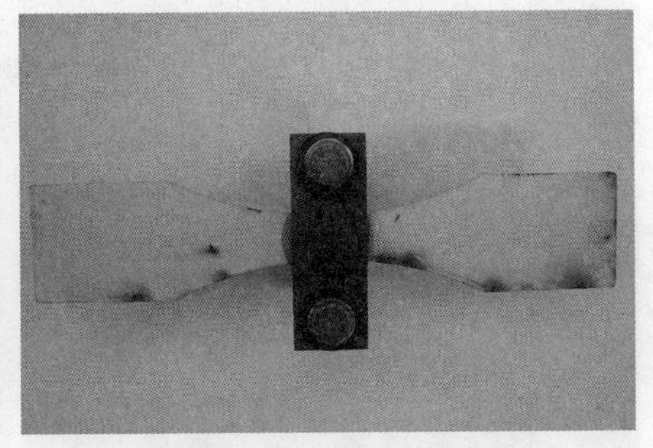

(d)装配件暴晒 2 年

图 3.11　30CrMnSiNi2A + 吹砂磷化 + 涂漆暴晒后的光学照片

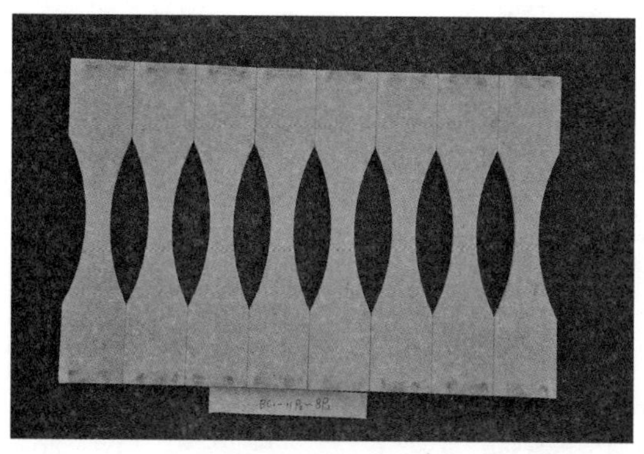

(a)不装配件暴晒1年

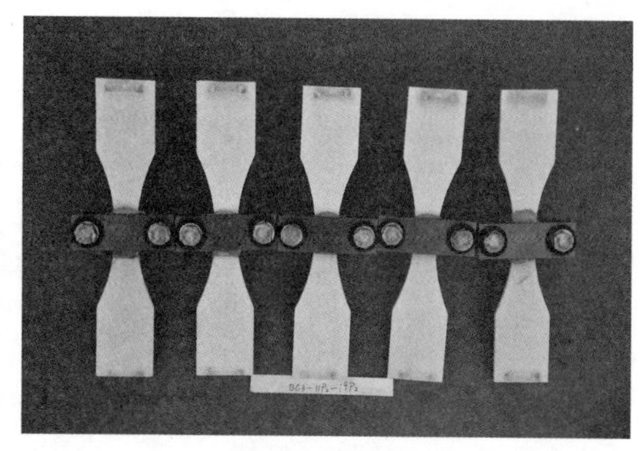

(b)装配件暴晒1年

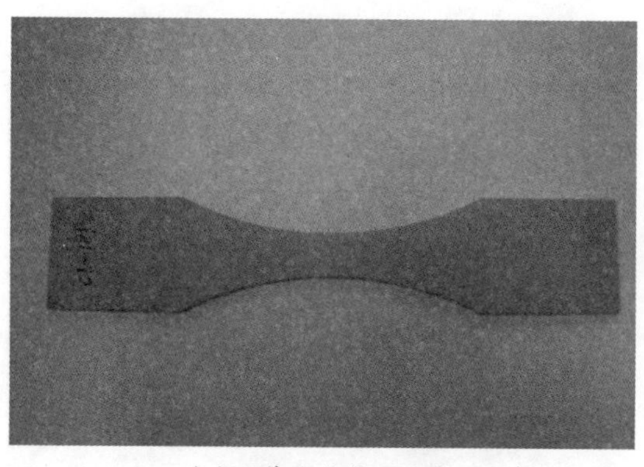

(c)不装配件暴晒2年

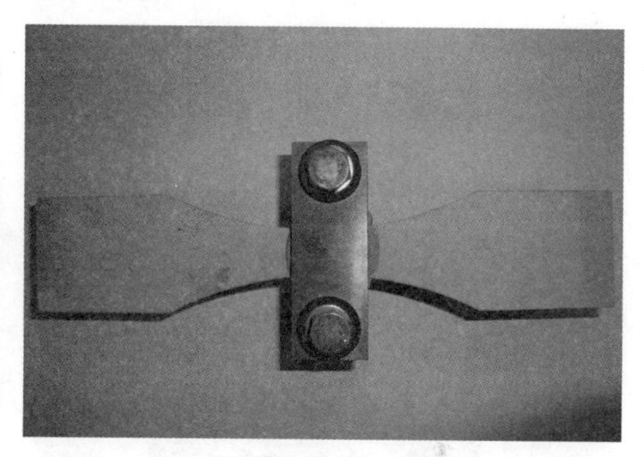

(d)装配件暴晒2年

图3.12　7050 + 硼硫酸阳极化 + 涂漆暴晒后的光学照片

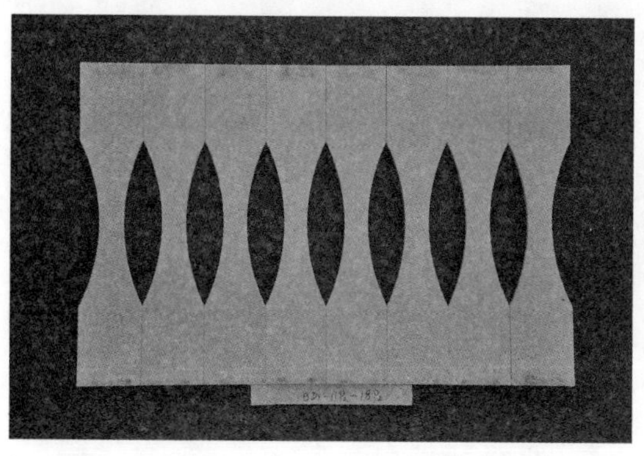

(a)不装配件暴晒1年

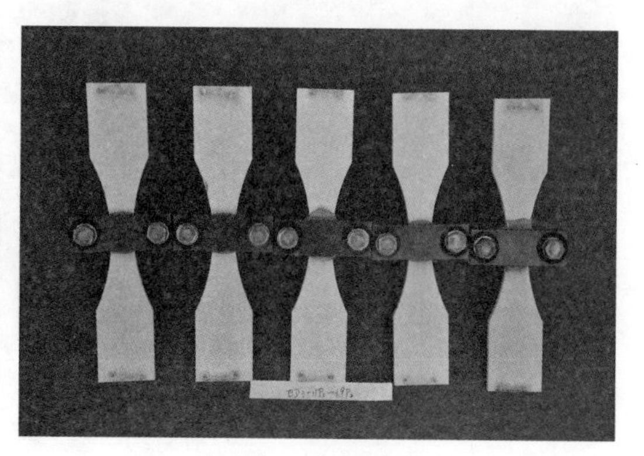

(b)装配件暴晒1年

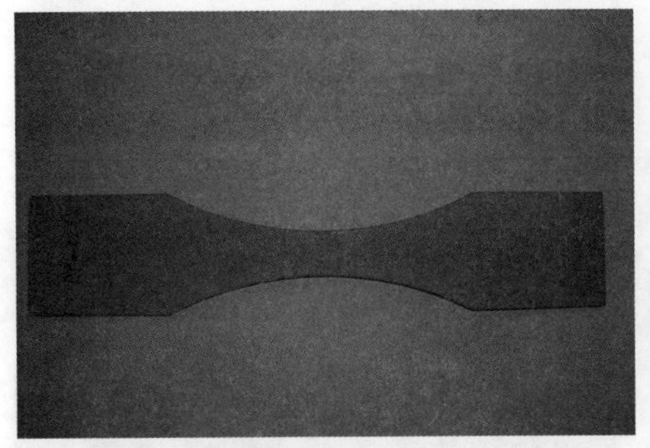

(c)不装配件暴晒 2 年

(d)装配件暴晒 2 年

图 3.13　7475 + 硼硫酸阳极化 + 涂漆暴晒后的光学照片

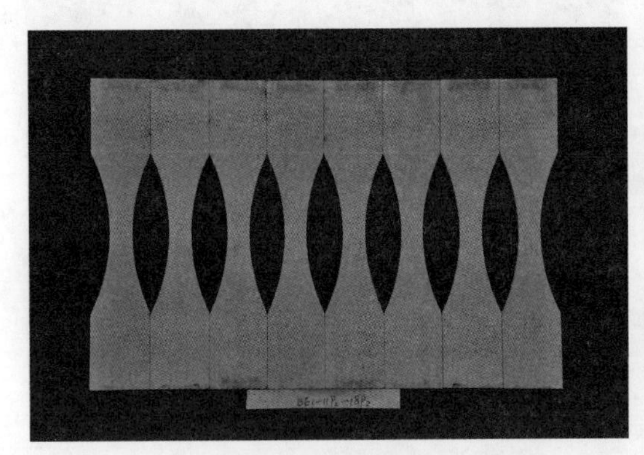

(a)不装配件暴晒 1 年

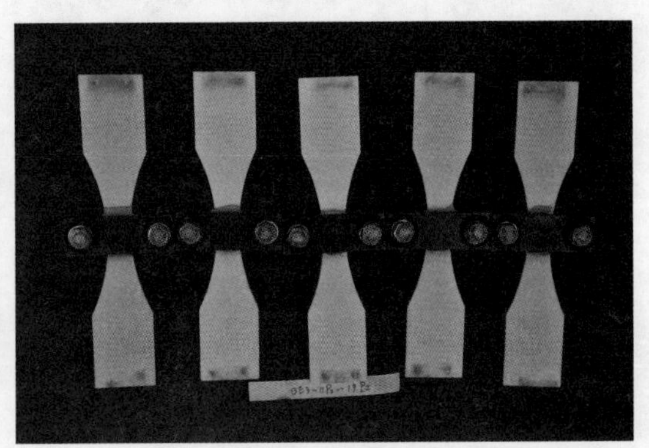

(b)装配件暴晒 1 年

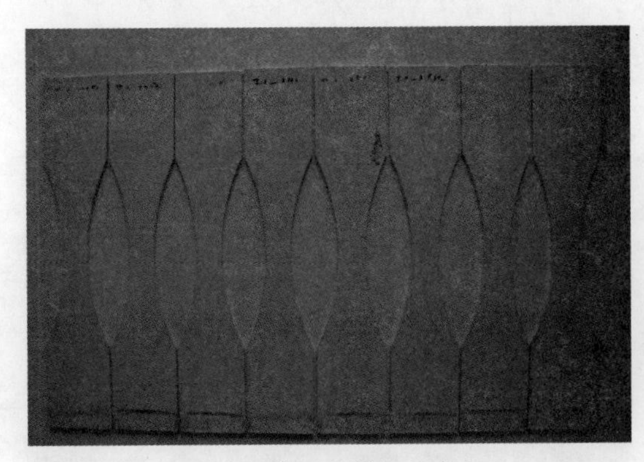

(c)不装配件暴晒 2 年

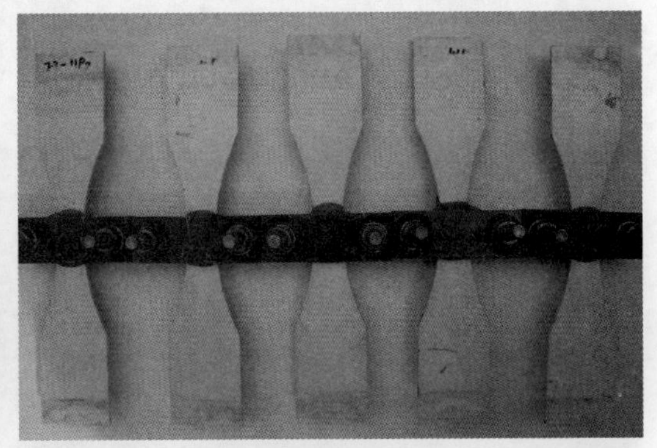

(d)装配件暴晒 2 年

图 3.14　17 - 7PH 化学钝化 + 涂漆暴晒后的光学照片

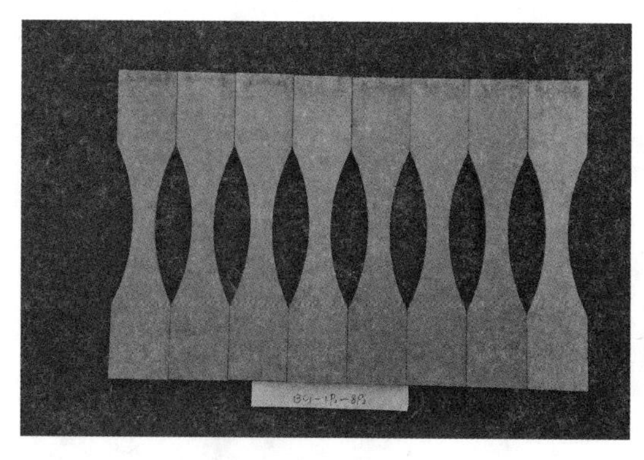

(a)不装配件暴晒 1 年

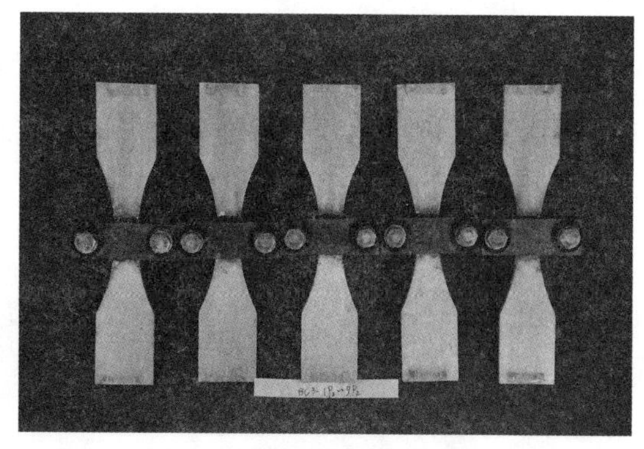

(b)装配件暴晒 1 年

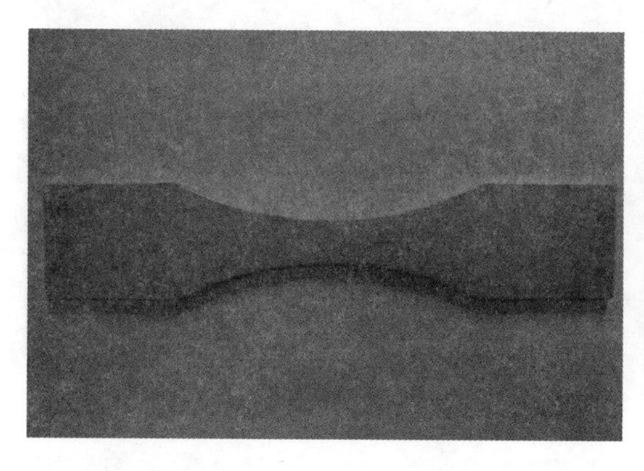

(c)不装配件暴晒 2 年

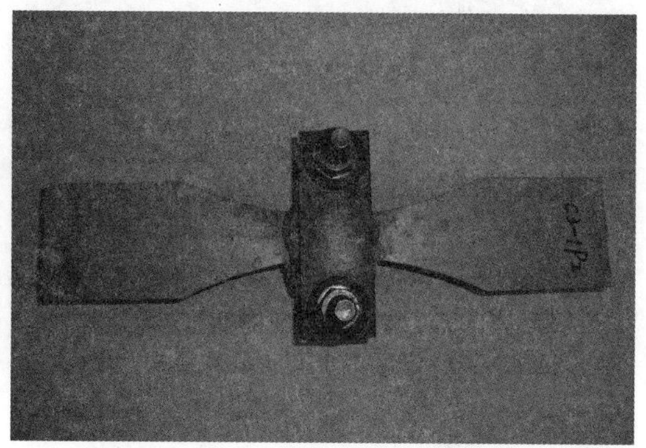

(d)装配件暴晒 2 年

图 3.15　7050 + 硼硫酸阳极化暴晒后的光学照片

(a)不装配件暴晒 1 年

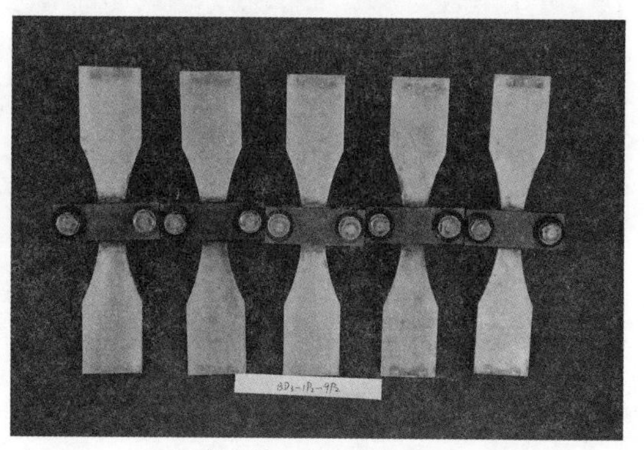

(b)装配件暴晒 1 年

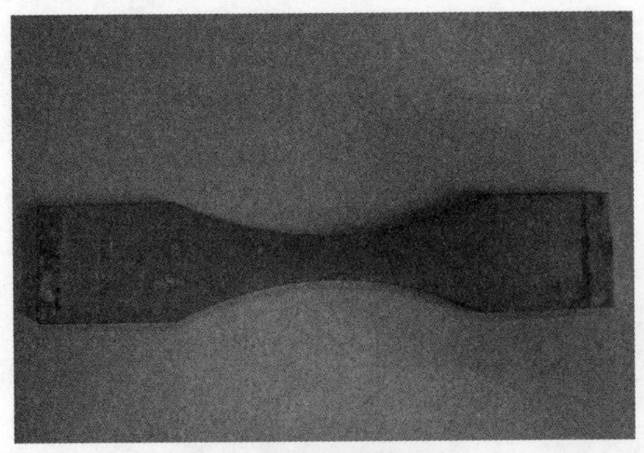

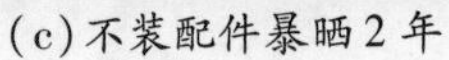

(c)不装配件暴晒 2 年

(d)装配件暴晒 2 年

图 3.16　7475 + 硼硫酸阳极化暴晒后的光学照片

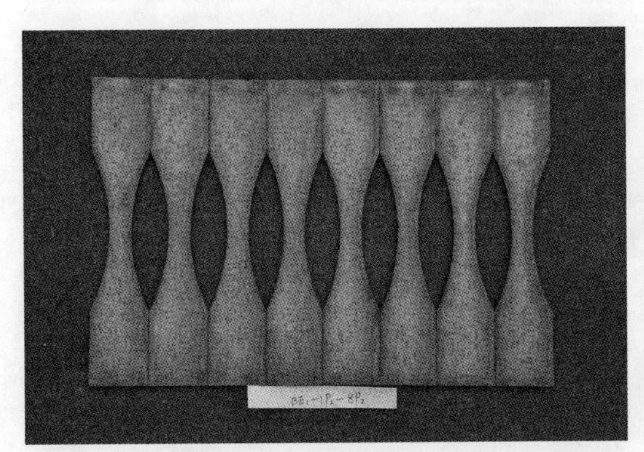

(a)不装配件暴晒 1 年

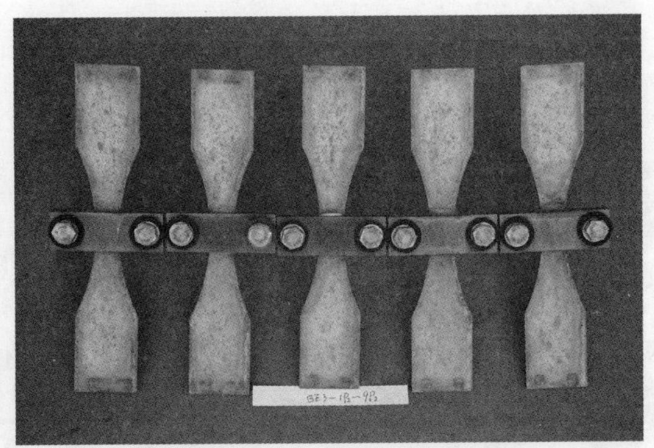

(b)装配件暴晒 1 年

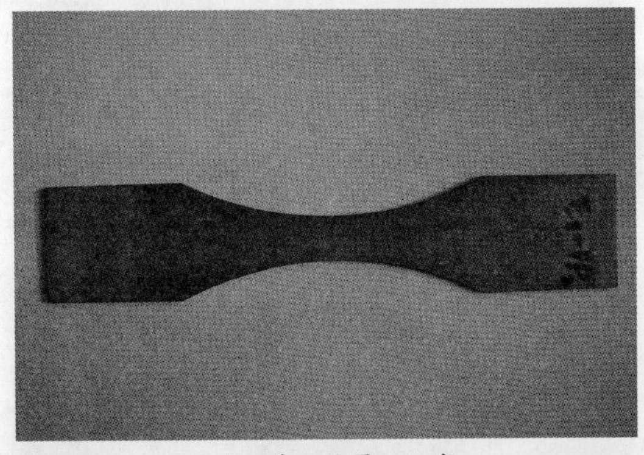

(c)不装配件暴晒 2 年

(d)装配件暴晒 2 年

图 3.17　17 -7PH + 化学钝化暴晒后的光学照片

3.2.3　小结

1)万宁 1 年暴晒后,7050 和 7475 铝合金硼硫酸阳极化与 TC18 阳极化涂胶、不涂胶连接均发生轻微点蚀,其腐蚀级别为 8/7sE; 17 -7PH 化学钝化与 TC18 阳极化涂胶、不涂胶均发生局部腐蚀，其腐蚀级别为 4/3sJ；300M 和 30CrMnSiNi2A + 吹砂磷化 + 涂漆、7050 和 7475 + 硼硫酸阳极化 + 涂漆及 17 - 7PH + 化学钝化 + 涂漆层发生的粉化为 2 级，有不同程度的色差和光泽变化。30CrMnSiNi2A + 吹砂磷化 + 涂漆生锈为 3 级。7050 和 7475 铝合金硼硫酸阳极化与 TC18 阳极化涂胶连接的接触腐蚀等级为 1 级，7050 和 7475 + 硼硫酸阳极化 + 涂漆、300M + 吹砂磷化 + 涂漆、30CrMnSiNi2A + 吹砂磷化 + 涂漆、17 - 7PH 化学钝化、17 - 7PH 化学钝化 + 涂漆与 TC18 阳极化涂胶连接的接触腐蚀等级均为 0 级。

2）万宁 2 年暴晒后，7050 和 7475 铝合金硼硫酸阳极化与 TC18 阳极化涂胶、不涂胶均发生点蚀，其腐蚀级别为 5/5mE； 17 - 7PH 化学钝化与 TC18 阳极化涂胶、不涂胶均发生局部腐蚀，其腐蚀级别为 6/6sJ；300M 和 30CrMnSiNi2A + 吹砂磷化 + 涂漆、7050 和 7475 + 硼硫酸阳极化 + 涂漆及 17 - 7PH + 化学钝化 + 涂漆发生粉化为 3 级，发生不同程度的色差和光泽变化。30CrMnSiNi2A + 吹砂磷化 + 涂漆生锈为 3 级。7050 和 7475 铝合金硼硫酸阳极化与 TC18 涂胶连接的接触腐蚀等级为 2 级，7050 和 7475 + 硼硫酸阳极化 + 涂漆、300M + 吹砂磷化 + 涂漆、30CrMnSiNi2A + 吹砂磷化 + 涂漆、17 - 7PH 化学钝化、17 - 7PH 化学钝化 + 涂漆与 TC18 涂胶连接的接触腐蚀等级均为 0 级。

3）团岛 1 年暴晒后，7050 和 7475 铝合金硼硫酸阳极化涂胶、不涂胶均发生点蚀，其腐蚀级别为 8/8mE； 17 - 7PH 化学钝化涂胶、不涂胶均发生局部腐蚀，其腐蚀级别为 5/5mB；300M 和 30CrMnSiNi2A + 吹砂磷化 + 涂漆、7050 和 7475 + 硼硫酸阳极化 + 涂漆及 17 - 7PH + 化学钝化 + 涂漆发生粉化为 2 级，粘污为 2 级，发生不同程度的色差和光泽变化。7050 和 7475 铝合金硼硫酸阳极化与 TC18 涂胶连接的接触腐蚀等级为 1 级，7050 和 7475 + 硼硫酸阳极化 + 涂漆、300M + 吹砂磷化 + 涂漆、30CrMnSiNi2A + 吹砂磷化 + 涂漆、17 - 7PH 化学钝化、17 - 7PH 化学钝化 + 涂漆与 TC18 涂胶连接的接触腐蚀等级均为 0 级。

4）团岛 2 年暴晒后，7050 和 7475 铝合金硼硫酸阳极化涂胶、不涂胶均发生点蚀，其腐蚀级别为 5/5mE； 17 - 7PH 化学钝化涂胶、不涂胶均发生局部腐蚀，其腐蚀级别为 4/4mB；300M 和 30CrMnSiNi2A + 吹砂磷化 + 涂漆、7050 和 7475 + 硼硫酸阳极化 + 涂漆及 17 - 7PH + 化学钝化 + 涂漆发生粉化为 3 级，粘污为 2 级，发生不同程度的色差和光泽变化。7050 和 7475 铝合金硼硫酸阳极化与 TC18 涂胶连接的接触腐蚀等级为 2 级，7050 和 7475 + 硼硫酸阳极化 + 涂漆、300M + 吹砂磷化 + 涂漆、30CrMnSiNi2A + 吹砂磷化 + 涂漆、17 - 7PH 化学钝化、17 - 7PH 化学钝化 + 涂漆与 TC18 涂胶连接的接触腐蚀等级均为 0 级。

3.3　大气暴晒对材料抗拉强度的影响

3.3.1　大气暴晒对 300M 钢抗拉强度的影响

对青岛和海南大气暴晒 1 年和 2 年后的试样进行拉伸试验，对于 TC18 钛合金装配件，拆除与之连接的钛合金件后进行测试,测试结果如表 3.9 所示。从表中发现,无论是青岛还是海南,大气暴晒 1 年的其抗拉强度与对比试样相比没有降低,大气暴晒 2 年的稍有降低,降低幅度并不大,降低最多的是海南大气暴晒 2 年的非装配件,降低了 3.5% 。

表 3.9　300M 钢大气暴晒后抗拉强度

地点	装配与否	试样编号	σ_b/MPa	σ_b 平均值/MPa	与对比试样的绝对差/MPa	与对比试样的相对差/%	暴晒时长/年
青岛	是	BA3 - 1P1	1 941.93				
		BA3 - 2P1	1 959.6	1 962.71	55.56	2.91	1
		BA3 - 3P1	1 986.59				
		A3 - 1P1	1 837.94				
		A3 - 2P1	1 841.41	1 845.58	-61.57	-3.23	2
		A3 - 3P1	1 857.40				
	否	BA1 - 1P1	1 940.06				
		BA1 - 2P1	1 943.25	1 949.40	42.25	2.22	1
		BA1 - 3P1	1 964.90				
		A1 - 1P1	1 850.94				
		A1 - 2P1	1 851.75	1 850.54	-56.61	-2.97	2
		A1 - 3P1	1 848.93				
海南	是	BA3 - 1P2	1 972.64				
		BA3 - 2P2	1 942.26	1 968.59	61.44	3.22	1
		BA3 - 3P2	1 990.86				
		A3 - 1P2	1 833.83				
		A3 - 2P2	1 830.29	1 849.44	-57.71	-3.02	2
		A3 - 3P2	1 884.20				
	否	BA1 - 1P2	1 902.81				
		BA1 - 2P2	1 935.18	1 935.76	28.61	1.50	1
		BA1 - 3P2	1 969.30				
		A1 - 1P2	1 823.03				
		A1 - 2P2	1 872.27	1 839.82	-67.33	-3.53	2
		A1 - 3P2	1 824.15				

注:对比样的抗拉强度为 1907.15MPa。

为了进一步分析海洋大气暴晒对 300M 抗拉强度的影响，对其抗拉强度与对比试样的抗拉强度值进行了 t 检验，其结果如表 3.10 所示。综合分析表 3.9 和表 3.10 结果可以发现，对于 300M 钢，在青岛大气暴晒 2 年对其抗拉强度有显著影响，其余的是没有显著影响。同时发现装配与否对其抗拉强度没有明显影响，这与表面处理涂漆层的隔离作用防止了腐蚀的发生，以及与 TC18 装配用涂胶的方式防止接触腐蚀有关。暴晒 2 年的抗拉强度基本低于 1 年的，说明随大气暴晒时间的增加，有产生较为严重的腐蚀、降低其抗拉强度的趋势，这对长期使用是有影响的，工程中应加以注意。

表 3.10　300M 钢抗拉强度 t 检验结果

地点	暴晒时长/年	装配与否	t 统计量	$t_{0.05}$	显著性
青岛	1	是	3.71	4.302 7	不显著
		否	3.91	4.302 7	不显著
	2	是	-6.42	4.302 7	显著
		否	-7.52	4.302 7	显著
海南	1	是	3.83	4.302 7	不显著
		否	1.39	4.302 7	不显著
	2	是	-3.05	4.302 7	不显著
		否	-3.77	4.302 7	不显著

3.3.2　大气暴晒对 30CrMnSiNi2A 钢抗拉强度的影响

30CrMnSiNi2A 钢海洋大气暴晒后的抗拉强度见表 3.11。无论 30CrMnSiNi2A 钢 + 磷化 + 涂漆处理后与 TC18 + 阳极化装配与否，经 1 年大气暴晒后，其抗拉强度均没有降低，但经 2 年大气暴晒后，其抗拉强度均有所降低，但其降低比例并不大。同样对其与对比试样进行了 t 检验分析，见表 3.12。结果也是大气暴晒 2 年对其抗拉强度没有显著影响，青岛和海南海洋大气暴晒 1 年的 t 检验显著性是因为测试数据高于对比试样较多，以及 t 检验的局限性所致。总之，海洋大气暴晒时长为 1 年和 2 年不会显著降低 30CrMnSiNi2A 钢的抗拉强度值。

表 3.11 30CrMnSiNi2A 钢大气暴晒后抗拉强度

地点	装配与否	试样编号	σ_b/MPa	σ_b 平均值/MPa	与对比试样的绝对差/MPa	与对比试样的相对差/%	暴晒时长/年
青岛	是	BB3－1P1	1 674.25	1 689.74	113.68	7.21	1
		BB3－2P1	1 685.91				
		BB3－3P1	1 709.06				
		B3－1P1	1 580.12	1 553.99	－22.07	－1.40	2
		B3－2P1	1 543.92				
		B3－3P1	1 537.93				
	否	BB1－1P1	1 665.73	1 682.48	106.42	6.75	1
		BB1－2P1	1 694.23				
		BB1－3P1	1 687.48				
		B1－1P1	1 528.40	1 542.51	－33.55	－2.13	2
		B1－2P1	1 546.57				
		B1－3P1	1 552.55				
海南	是	BB3－1P2	1 594.60	1 636.38	60.32	3.83	1
		BB3－2P2	1 659.18				
		BB3－3P2	1 594.60				
		B3－1P2	1 529.89	1 541.48	－34.58	－2.19	2
		B3－2P2	1 526.99				
		B3－3P2	1 567.55				
	否	BB1－1P2	1 696.64	1 681.59	105.53	6.70	1
		BB1－2P2	1 678.14				
		BB1－3P2	1 669.98				
		B1－1P2	1 554.09	1 557.30	－18.76	－1.19	2
		B1－2P2	1 569.06				
		B1－3P2	1 548.76				

注：对比样的抗拉强度为 1 576.06MPa。

表 3.12　30CrMnSiNi2A 钢抗拉强度 t 检验结果

地点	暴晒时长/年	装配与否	t 统计量	$t_{0.05}$	显著性
青岛	1	是	7.57	4.302 7	显著
		否	7.63	4.302 7	显著
	2	是	-1.29	4.302 7	不显著
		否	-2.55	4.302 7	不显著
海南	1	是	2.55	4.302 7	不显著
		否	7.80	4.302 7	显著
	2	是	-2.03	4.302 7	不显著
		否	-1.49	4.302 7	不显著

3.3.3　大气暴晒对 7050 铝合金抗拉强度的影响

对 7050 铝合金经大气暴晒后测试的抗拉强度结果如表 3.13 所示，表 3.14 是对其进行 t 检验的结果。从表 3.13 和表 3.14 发现，7050 + 硼硫酸阳极化和 7050 + 硼硫酸阳极化 + 涂漆后，与 TC18 + 阳极化装配或不装配经海南或青岛大气暴晒 1 年或 2 年后，其抗拉强度均低于对比试样，即大气暴晒后抗拉强度有降低现象。t 检验的结果也说明海洋暴晒对 7050 铝合金抗拉强度有显著性影响。从 3.2 一节内容中也发现，7050 铝合金经大气暴晒后发生明显的点腐蚀和接触腐蚀，大气暴晒 2 年的接触腐蚀为 2 级。点腐蚀和接触腐蚀均会引起应力集中现象，这也是抗拉强度降低的原因。

表 3.13　7050 铝合金大气暴晒后抗拉强度

地点	表面处理	装配与否	试样编号	σ_b/MPa	σ_b 平均值/MPa	与对比试样的绝对差/MPa	与对比试样的相对差/%	暴晒时长/年
青岛	硼硫酸阳极化	是	BC3 - 1P1	516.96	525.26	-39.19	-6.94	1
			BC3 - 2P1	528.83				
			BC3 - 3P1	529.98				
			C3 - 1P1	537.741	534.07	-30.38	-5.38	2
			C3 - 2P1	534.315				
			C3 - 3P1	530.159				
		否	BC1 - 1P1	516.61	519.28	-45.17	-8.00	1
			BC1 - 2P1	522.09				
			BC1 - 3P1	519.15				
			C1 - 1P1	526.52	530.50	-33.95	-6.01	2
			C1 - 2P1	530.687				
			C1 - 3P1	534.282				

续表

地点	表面处理	装配与否	试样编号	σ_b/MPa	σ_b 平均值/MPa	与对比试样的绝对差/MPa	与对比试样的相对差/%	暴晒时长/年
青岛	硼硫酸阳极化+涂漆	是	BC3-11P1	502.36	500.29	-64.16	-11.37	1
			BC3-12P1	500.44				
			BC3-13P1	498.06				
			C3-11P1	528.595	526.61	-37.84	-6.70	2
			C3-12P1	522.48				
			C3-13P1	528.75				
		否	BC1-11P1	491.371	496.84	-67.61	-11.98	1
			BC1-12P1	498.295				
			BC1-13P1	500.853				
			C1-11P1	509.61	518.06	-46.39	-8.22	2
			C1-12P1	533.85				
			C1-13P1	510.71				
海南	硼硫酸阳极化	是	BC3-1P2	506.20	521.78	-42.67	-7.56	1
			BC3-2P2	537.61				
			BC3-3P2	521.54				
			C3-1P2	533.82	534.54	-29.91	-5.30	2
			C3-2P2	543.82				
			C3-3P2	525.97				
		否	BC1-1P2	518.59	522.42	-42.03	-7.45	1
			BC1-2P2	526.13				
			BC1-3P2	522.54				
			C1-1P2	565.00	563.58	-0.87	-0.15	2
			C1-2P2	563.47				
			C1-3P2	562.26				

续表

地点	表面处理	装配与否	试样编号	σ_b/MPa	σ_b 平均值/MPa	与对比试样的绝对差/MPa	与对比试样的相对差/%	暴晒时长/年
海南	硼硫酸阳极化+涂漆	是	BC3－11P2	525.46	516.48	－47.97	－8.50	1
			BC3－12P2	506.65				
			BC3－13P2	517.33				
			C3－11P2	543.15	529.65	－34.8	－6.22	2
			C3－12P2	520.06				
			C3－13P2	525.75				
		否	BC1－11P2	510.82	510.83	－53.62	－9.50	1
			BC1－12P2	507.47				
			BC1－13P2	514.197				
			C1－11P2	536.47	528.34	－36.11	－6.40	2
			C1－12P2	497.85				
			C1－13P2	550.7				

注:对比样的抗拉强度为564.45MPa。

表3.14　7050铝合金抗拉强度 t 检验结果

地点	表面处理	暴晒时长/年	装配与否	t 统计量	$t_{0.05}$	显著性
青岛	硼硫酸阳极化	1	是	－7.24	4.302 7	显著
			否	－11.87	4.302 7	显著
		2	是	－7.42	4.302 7	显著
			否	－8.24	4.302 7	显著
青岛	硼硫酸阳极化+涂漆	1	是	－17.46	4.302 7	显著
			否	－15.12	4.302 7	显著
		2	是	－9.39	4.302 7	显著
			否	－5.38	4.302 7	显著

续表

地点	表面处理	暴晒时长/年	装配与否	t 统计量	$t_{0.05}$	显著性
海南	硼硫酸阳极化	1	是	-4.40	4.302 7	显著
			否	-10.28	4.302 7	显著
		2	是	-4.81	4.302 7	显著
			否	-4.25	4.302 7	不显著
海南	硼硫酸阳极化+涂漆	1	是	-7.43	4.302 7	显著
			否	-13.52	4.302 7	显著
		2	是	-7.42	4.302 7	显著
			否	-3.23	4.302 7	不显著

3.3.4 大气暴晒对 7475 铝合金抗拉强度的影响

7475 铝合金大气暴晒后抗拉强度如表 3.15 所示，其 t 检验结果见表 3.16。综合分析表 3.15 和表 3.16，发现海洋大气暴晒对 7475 铝合金抗拉强度无显著影响。

表 3.15 7475 铝合金大气暴晒后抗拉强度

地点	表面处理	装配与否	试样编号	σ_b/MPa	σ_b 平均值/MPa	与对比试样的绝对差/MPa	与对比试样的相对差/%	暴晒时长/年
青岛	硼硫酸阳极化	是	BD3-1P1	541.32	533.32	-1.32	-0.25	1
			BD3-2P1	533.55				
			BD3-3P1	525.08				
			D3-1P1	549.734	558.79	-24.15	4.52	2
			D3-2P1	572.436				
			D3-3P1	554.209				
		否	BD1-1P1	533.41	538.46	3.82	0.71	1
			BD1-2P1	539.83				
			BD1-3P1	542.13				
			D1-1P1	550.455	564.58	29.94	5.60	2
			D1-2P1	573.725				
			D1-3P1	569.548				

续表

地点	表面处理	装配与否	试样编号	σ_b/MPa	σ_b 平均值/MPa	与对比试样的绝对差/MPa	与对比试样的相对差/%	暴晒时长/年
青岛	硼硫酸阳极化+涂漆	是	BD3-11P1	496.723	506.40	-28.24	-5.28	1
			BD3-12P1	506.783				
			BD3-13P1	515.705				
			D3-11P1	548.36	541.24	6.6	1.23	2
			D3-12P1	545.777				
			D3-13P1	529.589				
		否	BD1-11P1	511.07	512.68	-21.96	-4.11	1
			BD1-12P1	524.66				
			BD1-13P1	502.31				
			D1-11P1	531.825	537.48	2.84	0.53	2
			D1-12P1	538.335				
			D1-13P1	542.289				
海南	硼硫酸阳极化	是	BD3-1P2	542.03	541.63	6.99	1.31	1
			BD3-2P2	537.86				
			BD3-3P2	544.996				
			D3-1P2	530.51	527.81	-6.83	-1.28	2
			D3-2P2	521.17				
			D3-3P2	531.74				
		否	BD1-1P2	532.45	537.37	2.73	0.51	1
			BD1-2P2	547.45				
			BD1-3P2	532.22				
			D1-1P2	559.54	564.65	30.01	5.61	2
			D1-2P2	536.56				
			D1-3P2	597.86				

续表

地点	表面处理	装配与否	试样编号	σ_b/MPa	σ_b 平均值/MPa	与对比试样的绝对差/MPa	与对比试样的相对差/%	暴晒时长/年
海南	硼硫酸阳极化+涂漆	是	BD3 - 11P2	529.40	535.35	0.71	0.13	1
			BD3 - 12P2	541.45				
			BD3 - 13P2	535.20				
			D3 - 11P2	504.03	528.53	-6.11	-1.14	2
			D3 - 12P2	541.02				
			D3 - 13P2	540.53				
		否	BD1 - 11P2	519.17	525.38	-9.26	-1.73	1
			BD1 - 12P2	533.576				
			BD1 - 13P2	523.39				
			D1 - 11P2	519.78	524.55	-10.09	-1.89	2
			D1 - 12P2	529.25				
			D1 - 13P2	524.61				

注:对比样的抗拉强度为534.63MPa。

表 3.16 7475 铝合金抗拉强度 t 检验结果

地点	表面处理	暴晒时长/年	装配与否	t 统计量	$t_{0.05}$	显著性
青岛	硼硫酸阳极化	1	是	-0.23	4.302 7	显著
			否	0.90	4.302 7	不显著
		2	是	3.14	4.302 7	不显著
			否	3.79	4.302 7	不显著
青岛	硼硫酸阳极化+涂漆	1	是	-4.40	4.302 7	显著
			否	3.00	4.302 7	不显著
		2	是	0.98	4.302 7	不显著
			否	0.63	4.302 7	不显著
海南	硼硫酸阳极化	1	是	1.78	4.302 7	不显著
			否	0.45	4.302 7	不显著
		2	是	-1.45	4.302 7	不显著
			否	1.65	4.302 7	不显著
海南	硼硫酸阳极化+涂漆	1	是	0.15	4.302 7	不显著
			否	-1.71	4.302 7	不显著
		2	是	-0.48	4.302 7	不显著
			否	-2.34	4.302 7	不显著

综合数据分析海南和青岛海洋大气暴晒对7050铝合金抗拉强度有显著影响，使抗拉强度降低，而经海洋大气暴晒对7475铝合金抗拉强度无显著影响。这与材料成分有关。虽然7475铝合金与7050铝合金基本成分相近，但7475含Cr 0.18% ~0.25%，同时降低了其他杂质含量，对抗腐蚀性能有利，因此7050铝合金抗腐蚀性较7475铝合金差，海洋大气腐蚀较7475铝合金严重，尤其是连接部位的点腐蚀和接触腐蚀引起应力集中，从而影响到抗拉强度。海洋大气暴晒时间对材料抗拉强度有一定的影响，随暴晒时间的增加，强度有降低趋势。但暴晒地点对抗拉强度的影响无明显差异。

3.3.5　大气暴晒对17-7PH不锈钢抗拉强度的影响

大气暴晒对17-7PH不锈钢抗拉强度的影响见表3.17，其 t 检验结果见表3.18。分析表明，大气暴晒对17-7PH抗拉强度无显著影响，因为大气暴晒后没有发生接触腐蚀，仅是表面发生了全面腐蚀，且腐蚀较轻，因此不会使其抗拉强度明显降低。

表3.17　17-7PH不锈钢大气暴晒后抗拉强度

地点	表面处理	装配与否	试样编号	σ_b/MPa	σ_b 平均值/MPa	与对比试样的绝对差/MPa	与对比试样的相对差/%	暴晒时长/年
青岛	化学钝化	是	BE3-1P1	925.35				
			BE3-2P1	904.48	926.64	-33.55	-2.13	1
			BE3-3P1	950.10				
			E3-1P1	919.88				
			E3-2P1	921.66	930.84	14.84	1.62	2
			E3-3P1	950.98				
		否	BE1-1P1	959.36				
			BE1-2P1	978.33	948.89	32.89	3.59	1
			BE1-3P1	908.99				
			E1-1P1	850.37				
			E1-2P1	904.65	882.29	-33.71	-3.68	2
			E1-3P1	891.84				

续表

地点	表面处理	装配与否	试样编号	σ_b/MPa	σ_b 平均值/MPa	与对比试样的绝对差/MPa	与对比试样的相对差/%	暴晒时长/年
青岛	化学钝化+涂漆	是	BE3 - 11P1	899.78	889.36	-26.64	-2.91	1
			BE3 - 12P1	898.93				
			BE3 - 13P1	869.38				
			E3 - 11P1	859.91	873.50	-42.5	-4.64	2
			E3 - 12P1	885.62				
			E3 - 13P1	874.97				
		否	BE1 - 11P1	881.87	894.38	-21.62	-2.36	1
			BE1 - 12P1	901.18				
			BE1 - 13P1	900.08				
			E1 - 11P1	847.72	842.85	-73.15	-7.99	2
			E1 - 12P1	851.13				
			E1 - 13P1	829.71				
海南	化学钝化	是	BE3 - 1P2	907.32	922.92	6.92	0.76	1
			BE3 - 2P2	932.45				
			BE3 - 3P2	928.98				
			E3 - 1P2	917.35	910.35	-5.65	-0.62	2
			E3 - 2P2	911.42				
			E3 - 3P2	902.28				
		否	BE1 - 1P2	888.13	905.38	-10.62	-1.16	1
			BE1 - 2P2	924.05				
			BE1 - 3P2	903.97				
			E1 - 1P2	896.048	924.93	8.93	0.97	2
			E1 - 2P2	935.019				
			E1 - 3P2	943.731				

续表

地点	表面处理	装配与否	试样编号	σ_b/MPa	σ_b 平均值/MPa	与对比试样的绝对差/MPa	与对比试样的相对差/%	暴晒时长/年
海南	化学钝化 + 涂漆	是	BE3 - 11P2	870.94	867.73	-48.27	-5.27	1
			BE3 - 12P2	877.69				
			BE3 - 13P2	854.55				
			E3 - 11P2	886.82	885.15	-30.85	-3.37	2
			E3 - 12P2	913.25				
			E3 - 13P2	855.37				
		否	BE1 - 11P2	817.95	834.67	-81.33	-8.88	1
			BE1 - 12P2	849.16				
			BE1 - 13P2	836.90				
			E1 - 11P2	872.018	857.39	-58.61	-6.40	2
			E1 - 12P2	851.934				
			E1 - 13P2	848.22				

注:对比样的抗拉强度为 916MPa。

表 3.18 17 - 7PH 不锈钢抗拉强度 t 检验结果

地点	表面处理	暴晒时长/年	装配与否	t 统计量	$t_{0.05}$	显著性
青岛	化学钝化	1	是	0.56	4.302 7	不显著
			否	-1.14	4.302 7	不显著
		2	是	-1.00	4.302 7	不显著
			否	-0.85	4.302 7	不显著
青岛	化学钝化 + 涂漆	1	是	-1.65	4.302 7	不显著
			否	-2.87	4.302 7	不显著
		2	是	0.98	4.302 7	不显著
			否	0.63	4.302 7	不显著

续表

地点	表面处理	暴晒时长/年	装配与否	t 统计量	$t_{0.05}$	显著性
海南	化学钝化	1	是	0.27	4.302 7	不显著
			否	-0.40	4.302 7	不显著
		2	是	-0.23	4.302 7	不显著
			否	0.31	4.302 7	不显著
海南	化学钝化+涂漆	1	是	-1.89	4.302 7	不显著
			否	-3.10	4.302 7	不显著
		2	是	-1.04	4.302 7	不显著
			否	-2.28	4.302 7	不显著

3.3.6 小结

大气暴晒对不同材料、不同表面处理,以及是否与 TC18 钛合金装配的试样的抗拉影响不同。

1)300M 钢经青岛 2 年暴晒,无论是否与 TC18 钛合金装配,其抗拉强度明显降低。

2)7050 和 7475 铝合金经硼硫酸阳极化或硼硫酸阳极化后再涂漆,无论是否与 TC18 钛合金装配,经两地暴晒时长 1 年、2 年后其抗拉强度因点腐蚀和接触腐蚀而降低。

3)大气暴晒 1 年和 2 年对 30CrMnSiNi2A 钢和 17-7PH 钢的抗拉强度均无显著影响。

4)随暴晒时间的延长,抗拉强度有降低的趋势,但暴晒地的改变无明显影响。

3.4 海洋大气暴晒对材料疲劳性能的影响

3.4.1 海洋大气暴晒对 300M 钢疲劳性能的影响

将海南和青岛两地暴晒后的 300M 钢试样进行疲劳寿命试验,将对比试样的 *DFR* 值作为加载的最大应力,即加载应力为 847.925MPa。在应力比 $R=0.1$,频率为 10Hz 的条件下分别测试 300M 钢不装配件和装配件(拆除钛合金部分)的疲劳寿命,数据见表 3.19。将疲劳寿命数据依据肖维那法进行取舍,无效数据用 * 标记出来。

表 3.19　300M 钢大气暴晒后的疲劳性能数据

表面处理及连接方式	暴晒时长/年	海南暴晒		青岛暴晒	
		寿命/N	平均寿命/N	寿命/N	平均寿命/N
磷化+涂漆(不装配)	1	83 483	45 487	162 279	88 433
		34 958		37 546	
		20 989		40 790	
		48 799		41 679	
		39 204		159 873	
	2	32 108	29 801	46 482	43 470
		15 274		70 529	
		13 664		25 816	
		43 706		31 052	
		44 251		125 731	
磷化+涂漆(装配)	1	69 316	51 947	125 731	337 570
		3 669 274*		421 943	
		34 163		1 446 866*	
		36 082		610 528	
		68 226		192 077	
	2	16 907	17 376	40 055	57 267
		19 817		41 019	
		16 533		63 676	
		23 373		52 956	
		10 250		88 628	

从表 3.19 中发现,除 300M+磷化+涂漆(装配)在青岛经大气暴晒 1 年后的寿命是 10^5N,其余无论是装配或不装配件在海南和青岛经大气暴晒后的疲劳寿命均处于 10^4N 同一数量级,疲劳寿命均低于没暴晒的对比试样 1 个数量级。相同连接方式的暴晒 2 年试样的疲劳寿命低于暴晒 1 年后的疲劳寿命,海南暴晒 2 年装配件的疲劳寿命低于不装配的。从图 3.18 中可以看出,暴晒时间不同,腐蚀程度不同,暴晒 2 年的腐蚀较暴晒 1 年的严重,所以对性能的影响更大。

为了检验海洋大气暴晒对材料疲劳寿命的影响,对其数据进行了 t 检验。由于对数疲劳寿命近似服从正态分布,因此对试样的对数疲劳寿命进行 t 检验分析,其统计量为:

$$t = \frac{|\overline{X} - \mu_0|}{S^* / \sqrt{n}} \tag{3.1}$$

$$S^{*2} = \frac{1}{n-1} \sum_{i=1}^{n} (X_i - \overline{X})^2 \tag{3.2}$$

其中,$\overline{X}$ 为对数疲劳寿命的平均值,S^* 为对数疲劳寿命的标准差,$\mu_0=5$,n 为试样的样本数。

表 3.20 是对青岛和海南暴晒后的疲劳寿命进行 t 检验的结果,经分析,海南和青岛 2 年暴晒后疲劳寿命统计量大于其临界值,说明大气暴晒 2 年对其疲劳性能有显著的影响;而青岛暴晒时长为 1 年的统计量小于其临界值,说明大气暴晒 1 年对其疲劳性能无显著的影响。

表 3.20　300M 钢暴晒后疲劳寿命 t 检验结果

连接方式	暴晒时长/年	海南暴晒试样			青岛暴晒试样		
		$t_{0.05}$	t 统计量	显著性	$t_{0.05}$	t 统计量	显著性
300M + 磷化 + 涂漆(不装配)	1	2.776 4	3.945 13	显著	2.776 4	1.051 94	不显著
	2	2.776 4	5.230 77	显著	3.182 4	4.068 80	显著
300M + 磷化 + 涂漆(装配)	1	3.182 4	3.654 80	显著	3.182 4	2.865 05	不显著
	2	2.776 4	12.940 75	显著	2.776 4	4.077 94	显著

从疲劳试验结果可以发现,300M 钢不同连接方式,不同暴晒时间,其疲劳寿命有所差异。

从表 3.19 可以明显看出,青岛暴晒试样的疲劳寿命平均值大于海南暴晒试样的,并且 2 个地方的装配试样与不装配试样的疲劳寿命相差不大。300M 钢在海南海洋大气环境下腐蚀较为严重,胶接装配也并没有使 2 个暴晒地点的材料发生严重的电偶腐蚀。图 3.18 和图 3.19 分别为 300M 钢在青岛和海南大气暴晒后宏观表面腐蚀形貌。从图中的宏观腐蚀情况来看,青岛大气暴晒时长为 1 年基本没发生明显的腐蚀,而大气暴晒时长为 2 年的试样表面只有点点锈斑,但海南试样比青岛试样的腐蚀情况严重,但在 300M 钢与钛合金胶接装配处并没有发生电偶腐蚀。从腐蚀深度来看,除了表面加工痕迹外,暴晒在海南的试样表面与暴晒在青岛的试样表面相比,多处有腐蚀坑且最大的腐蚀深度达到 10μm 左右,见图 3.20。

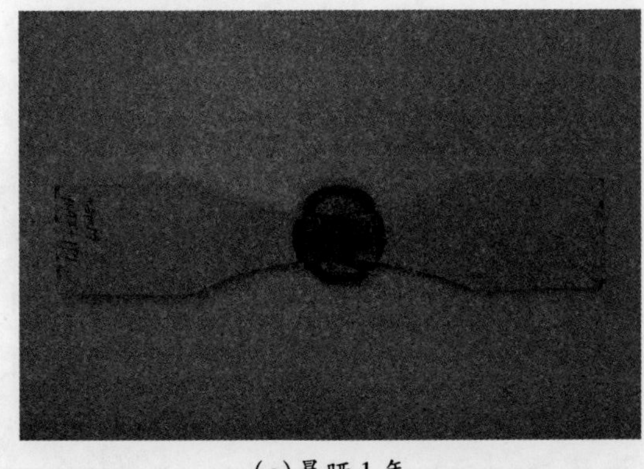

(a)暴晒 1 年

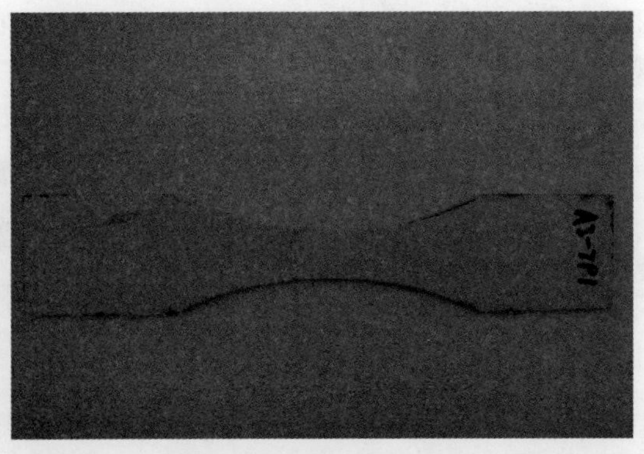

(b)暴晒 2 年

图 3.18　300M 青岛暴晒后的光学照片

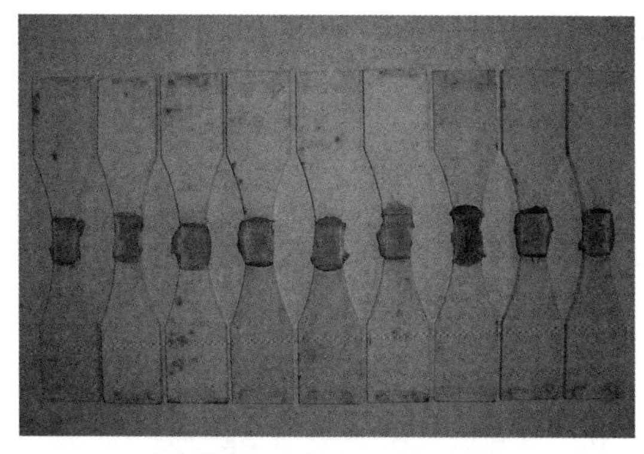

(a)暴晒 1 年(A3 - 1P2 ~ 9P2)

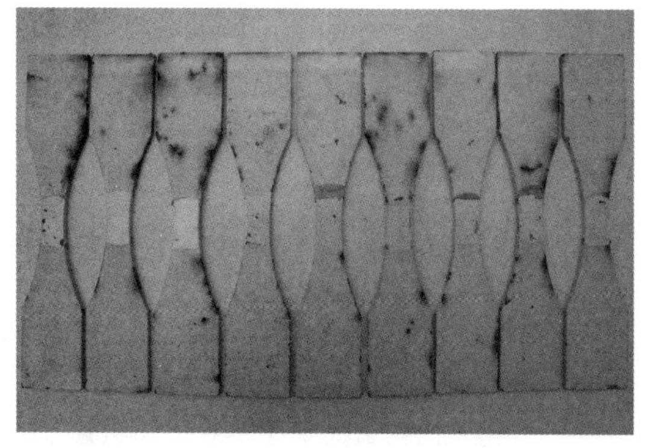

(b)暴晒 2 年(A3 - 1P2 ~ 9P2)

图 3.19　300M 海南暴晒后的光学照片

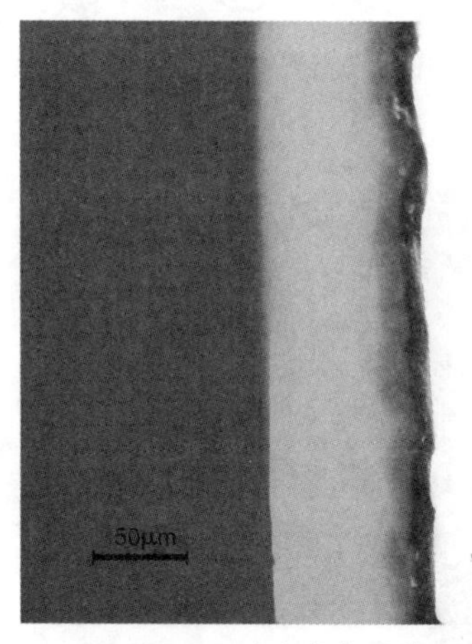

(a)青岛不装配试样

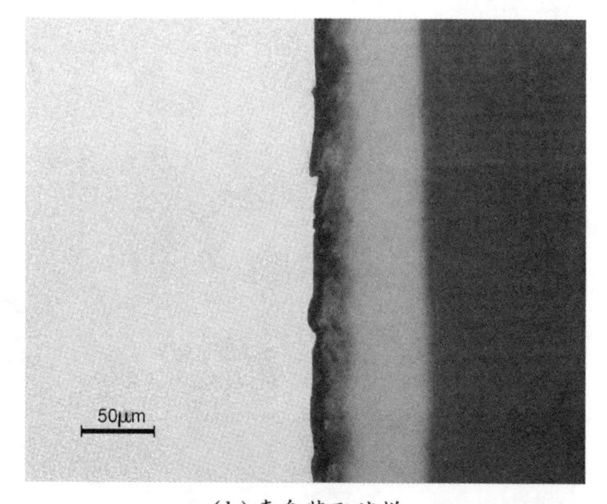

(b)青岛装配试样

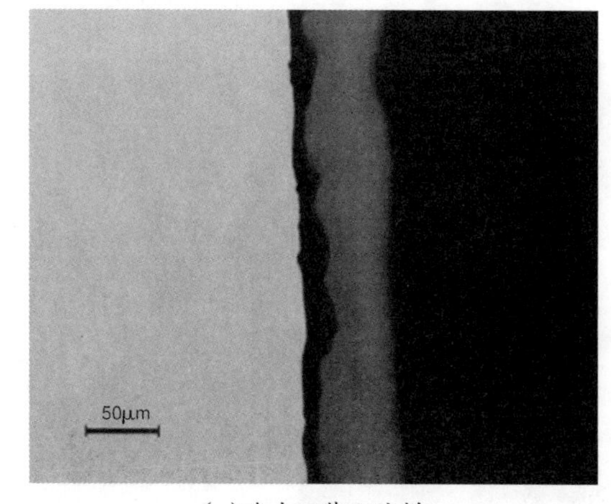

(c)海南不装配试样

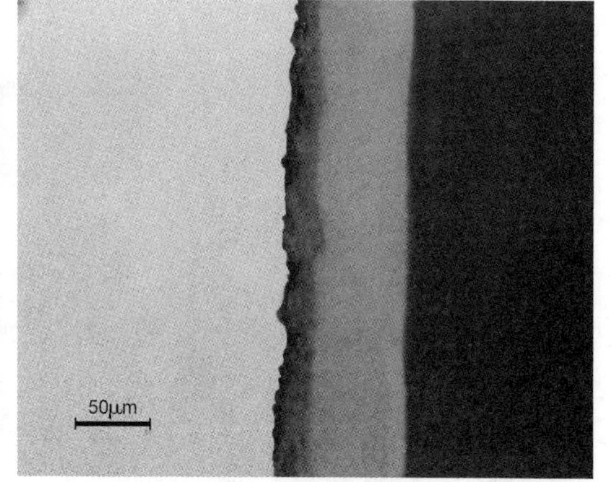

(d)海南装配试样

图 3.20　300M 钢暴晒 1 年的试样微观腐蚀深度

疲劳断裂常常从机件的表面应力集中处或材料缺陷处开始，而海洋大气暴晒造成试样表面腐蚀使得表面出现腐蚀坑，这就使得疲劳裂纹源易于在这些区域萌生。图 3.21 是 300M 钢对比试样和暴晒试样疲劳源的微观形貌。从图中可以清晰地观察出，对比试样的裂纹起源于试样表面漆层与基体之间不平整部位。而暴晒试样的疲劳源都处在试样表面的腐蚀坑，而且其腐蚀坑比对比试样不平整处更为尖锐，因此其应力集中更为严重。疲劳寿命主要是由裂纹萌生寿命和裂纹扩展寿命组成的，而裂纹萌生寿命占疲劳寿命的 80% ~90%，腐蚀坑促进了裂纹的萌生，减少了裂纹萌生寿命，进而降低了材料的疲劳寿命。虽然试样表面经过了磷化 + 涂漆处理，但磷化层和漆层都是多孔层，而且由表 3.1 可知，海南万宁站属于高湿环境，年平均相对湿度为 86%，全年几乎都处于临界湿度以上，年润湿时数长，为金属的电化学腐蚀提供了充分的条件，并且海南万宁站属于典型的海洋性大气环境，空气中富有的海盐离子（特别是大量的 Cl^-）大大加快了金属的腐蚀速度。从表 3.21 和表 3.22 发现，海南暴晒的试样疲劳断口含 Cl^- 高于青岛的，即渗入试样内产生腐蚀，形成腐蚀坑，影响疲劳寿命，因此海南地区暴晒对 300M 钢的疲劳寿命影响大于青岛团岛的，300M 钢在海南万宁暴晒后的疲劳寿命低于青岛团岛暴晒后的疲劳寿命。

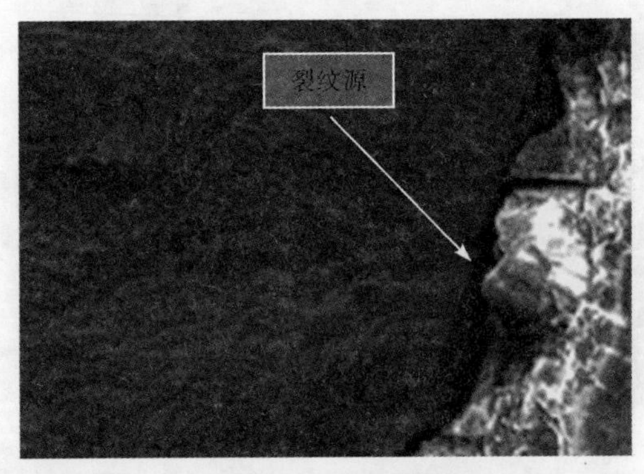

(a) 对比试样的疲劳源

(b) 青岛不装配(1 年)试样

(c) 海南不装配(1 年)试样

图 3.21　300M 钢暴晒试样的疲劳源

表 3.21　青岛不装配试样疲劳源能谱分析/wt%

谱图	C	O	Na	S	Cl	Al	Fe	Si	P	Cr	Ni
谱图 1	0.39	8.38	0.67	0.15	0.26	0.69	84.01	2.27	0.17	1.02	1.56
谱图 2	0.48	7.46	0.92	0.28	0.15	0.70	83.92	2.34	0.61	1.01	1.90
谱图 3	0.52	6.04	0.14	0.26	0.19	0.68	86.03	2.40	0.18	0.88	1.37

表 3.22　海南不装配试样疲劳源能谱分析/wt%

谱图	C	O	Na	S	Cl	Al	Fe	Si	P	Cr	Ni
谱图 1	0.76	10.15	0.81	0.15	0.46	0.52	81.44	2.24	0.14	0.94	1.30

3.4.2　海洋大气暴晒对 30CrMnSiNi2A 钢疲劳性能的影响

以 30CrMnSiNi2A 钢对比试样的 *DFR* 值 763.244MPa 为加载的最大应力值，应力比 $R=0.1$，频率为 10Hz，测试 30CrMnSiNi2A 钢海洋大气暴晒试样的疲劳寿命。将疲劳寿命数据依据肖维那法进行取舍，无效数据用 * 标注，如表 3.23 所示。

表 3.23　30CrMnSiNi2A 钢大气暴晒后的疲劳性能数据

表面处理及连接方式	暴晒时长/年	海南暴晒		青岛暴晒	
		寿命/N	平均寿命/N	寿命/N	平均寿命/N
吹砂磷化 + 涂漆(不装配)	1	190 912	308 849	115 768	686 152
		811 815		2 125 960	
		116 588		355 478	
		74 472		109 112	
		350 459		724 443	
	2	610 626	174 400	439 465	185 686
		94 884		57 125	
		73 210		61 488	
		55 758		163 570	
		37 520		206 783	

续表

表面处理及连接方式	暴晒时长/年	海南暴晒		青岛暴晒	
		寿命/N	平均寿命/N	寿命/N	平均寿命/N
吹砂磷化+涂漆(装配)	1	42 386	413 583	134 405	340 400
		959 260		681 526	
		494 597		70 219	
		334 465		689 569	
		237 206		126 279	
	2	67 813	64 992	98 553	127 031
		69 573		165 953	
		51 899		1 842 364*	
		38 409		73 819	
		7 265*		169 798	

同样地,也对其暴晒疲劳寿命进行了 t 检验,其结果如表 3.24 所示。

表 3.24　30CrMnSiNi2A 暴晒后疲劳寿命 t 检验结果

表面处理及连接方式	暴晒时长/年	$t_{0.05}$	海南暴晒试样		青岛暴晒试样	
			t 统计量	显著性	t 统计量	显著性
磷化+涂漆(不装配)	1	2.776 4	1.527 15	不显著	2.190 25	不显著
	2	2.776 4	2.430 97	不显著	0.858 44	不显著
磷化+涂漆(装配)	1	2.776 4	1.941 16	不显著	1.709 23	不显著
	2	3.182 4	2.373 13	不显著	0.878 81	不显著

从表 3.23 分析可以得出,无论与 TC18 钛合金装配与否,在青岛和在海南暴晒时长为 1 年的 30CrMnSiNi2A 钢试样疲劳寿命都保持在 10^5N,并没有数量级的降低,其疲劳寿命与对比试样在同一数量级。对 30CrMnSiNi2A 钢磷化后涂漆可有效减缓海洋大气环境的腐蚀。另外,与没装配件相比,胶接装配件疲劳寿命有降低的趋势,但仍保持在同一数量级。这是因为钛合金电位较高,和 30CrMnSiNi2A 钢接触后会形成电偶对,有发生电偶腐蚀的倾向。但 30CrMnSiNi2A 钢材料的表面经过吹砂磷化+涂漆处理,且与钛合金之间有涂胶装配,即漆层和胶层减少了基体与腐蚀介质之间的直接接触,并且大大增加了系统的电阻,有效地降低了钛合金和 30CrMnSiNi2A 钢的接触腐蚀。随着暴晒时间的延长,腐蚀加重,会对疲劳寿命产生影响,从而降低疲劳寿命,所以暴晒 2 年的疲劳寿命低于 1 年的,尤其是海南的装配

件，其寿命降低到10^4N。但所有t检验结果是统计量小于其临界值，说明青岛和海南大气暴晒1年和2年对其疲劳寿命无显著影响。

图3.22和图3.23分别为30CrMnSiNi2A钢暴晒1年试样的宏观腐蚀形貌和微观腐蚀深度图。从图3.22中可以看出，由于30CrMnSiNi2A钢表面经过化学磷化和涂漆处理，无论试样暴晒在海南还是青岛，无论装配与否，试样表面均没有发生严重的腐蚀痕迹，只是在少量的漆层薄弱或脱落的地方发生了点蚀，生成褐色锈斑。这是由于漆层和胶层可有效减少30CrMnSiNi2A与TC18钛合金直接接触，同时增大了系统电阻，可有效减少因接触而发生的电偶腐蚀。

观察图3.23可以发现，30CrMnSiNi2A钢表面的漆层和磷化层完好，很好地保护了材料不受海洋大气腐蚀。但由于Cl^-的半径很小，而且磷化层和漆层是多孔的，液膜下存在的少量Cl^-渗入引起30CrMnSiNi2A钢发生微小腐蚀。而30CrMnSiNi2A钢具有良好的抗疲劳性能，因此其疲劳寿命并没有因为微小的腐蚀坑而有所降低，就导致暴晒地点和装配并没有显著影响30GrMnNiSi2A钢的疲劳寿命。从表3.23中发现，同样条件下暴晒2年的疲劳寿命低于1年的疲劳寿命，这是因为随时间的延长腐蚀会加深的结果，见图3.24。

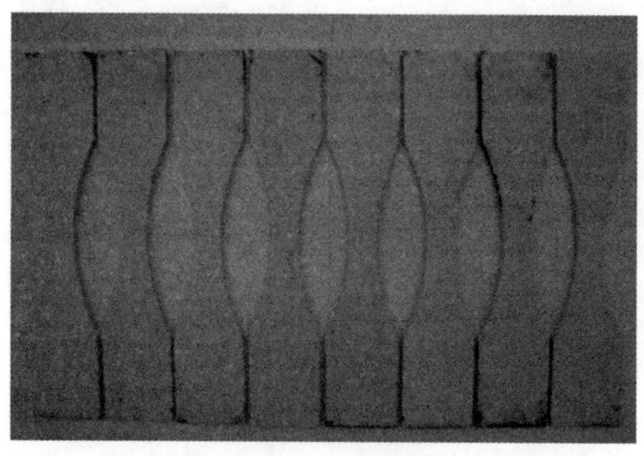
(a)青岛不装配试样

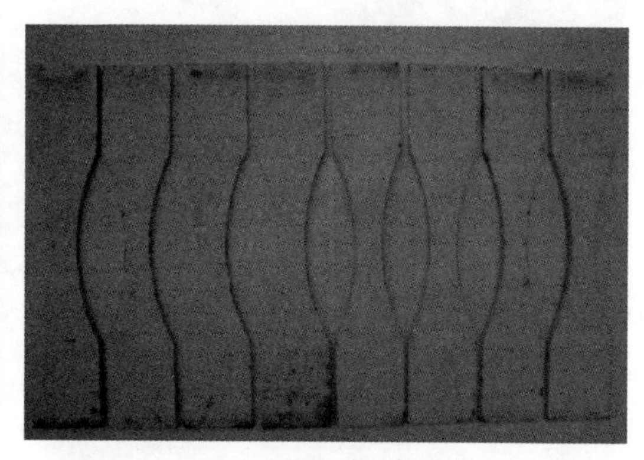
(b)海南不装配试样

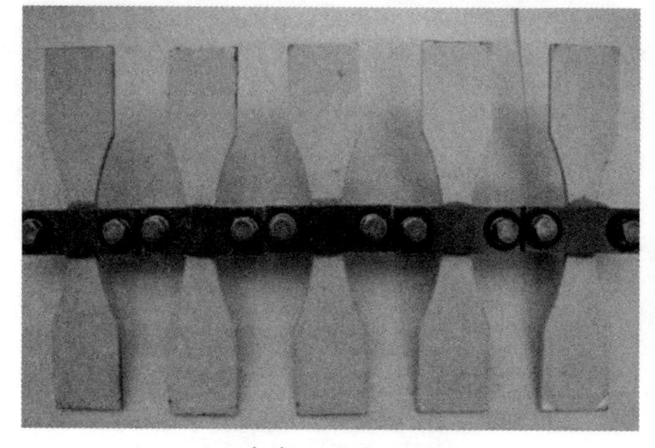
(c)青岛胶接装配试样

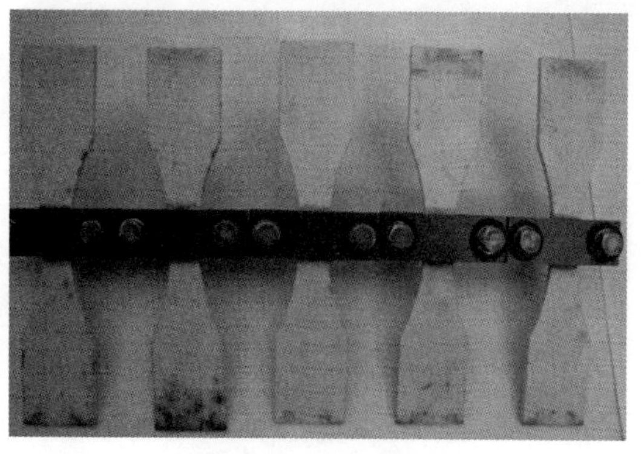
(d)海南胶接装配试样

图3.22　30CrMnSiNi2A钢暴晒1年试样的宏观腐蚀形貌

(a)青岛不装配试样

(b)青岛胶接装配试样

(c)海南不装配试样

(d)海南胶接装配试样

图 3.23　30CrMnSiNi2A 钢暴晒 1 年试样的微观腐蚀深度

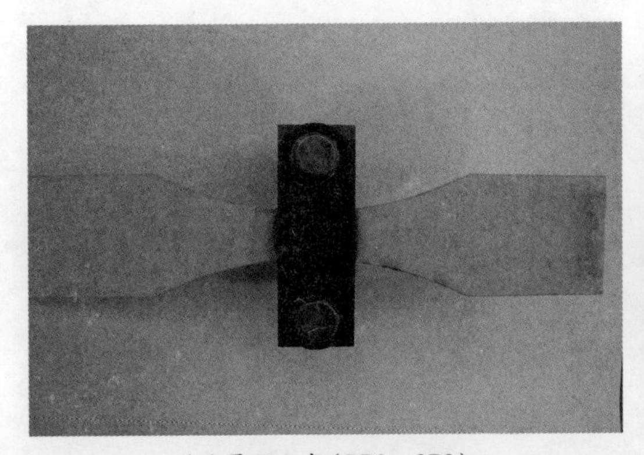

(a)暴晒 1 年(BB3 - 8P2)

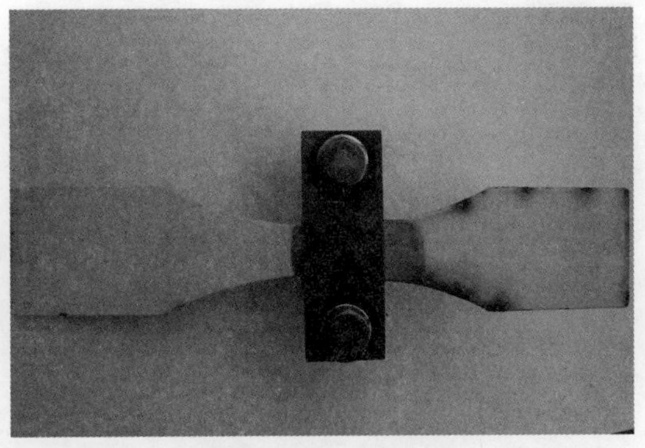

(b)暴晒 2 年(B3 - 4P2)

图 3.24　30CrMnSiNi2A 海南暴晒后的光学照片

3.4.3　海洋大气暴晒对7050铝合金疲劳性能的影响

以7050铝合金对比试样的*DFR*值274.057MPa为加载的最大应力值，应力比$R=0.1$，频率为10Hz，测试7050铝合金海洋大气暴晒试样的疲劳寿命。将疲劳寿命数据依据肖维那法进行取舍，数据全部有效，如表3.25所示。

表3.25　7050铝合金大气暴晒后的疲劳性能数据

表面处理及连接方式	暴晒时长/年	海南暴晒		青岛暴晒	
		寿命/N	平均寿命/N	寿命/N	平均寿命/N
硼硫酸阳极化(装配)	1	12 789	16 453	7 373	14 231
		8 896		16 450	
		15 386		14 629	
		26 905		18 980	
		18 200		13 721	
	2	32 093	19 139	16 119	18 087
		13 805		14 724	
		29 360		19 856	
		8 345		13 891	
		12 094		25 845	
硼硫酸阳极化(不装配)	1	23 421	25 924	24 921	22 202
		23 259		19 604	
		34 465		24 612	
		17 802		22 798	
		30 674		19 075	
	2	16 981	21 309	9 836	14 061
		19 243		16 641	
		21 191		17 053	
		26 026		12 993	
		23 103		13 784	

续表

表面处理及连接方式	暴晒时长/年	海南暴晒		青岛暴晒	
		寿命/N	平均寿命/N	寿命/N	平均寿命/N
硼硫酸阳极化+涂漆(装配)	1	44 416	43 658	32 076	35 123
		57 537		29 633	
		45 777		46 634	
		15 313		44 900	
		47 073		22 370	
		51 832			
	2	40 923	35 908	44 260	43 150
		39 003		45 792	
		33 279		43 890	
		32 669		48 766	
		33 664		33 040	
				48 179	
硼硫酸阳极化+涂漆(不装配)	1	26 365	30 833	38 475	31 822
		26 944		29 313	
		39 627		39 263	
		32 680		18 237	
		28 550		33 823	
	2	46 542	34 725	40 902	41 386
		20 959		42 663	
		30 808		40 059	
		34 541		44 379	
		40 775		38 927	

对比试样在此应力水平下的疲劳寿命为 10^5N,而 7050 铝合金暴晒后的试样在同样应力下疲劳寿命均低于 10^5N,与对比试样相比低了 1 个数量级。装配件和不装配的疲劳寿命无明显差异,暴晒时长为 1 年和 2 年的疲劳寿命没有明显差异。由于对数疲劳寿命近似服从正态分布,因此对这种材料暴晒试样的对数疲劳寿命进行 t 检验分析,结果见表3.26。

表3.26　7050铝合金暴晒后疲劳寿命 t 检验结果

表面处理及连接方式	暴晒时长/年	$t_{0.05}$	海南暴晒试样		青岛暴晒试样	
			t 统计量	显著性	t 统计量	显著性
硼硫酸阳极化(不装配)	1	2.776 4	10.195 90	显著	26.924 90	显著
	2	2.776 4	6.838 45	显著	19.900 21	显著
硼硫酸阳极化(装配)	1	2.776 4	11.864 78	显著	12.292 94	显著
	2	2.776 4	21.193 32	显著	15.300 39	显著
硼硫酸阳极化+涂漆(不装配)	1	2.776 4	15.025 50	显著	8.408 64	显著
	2	2.776 4	22.256 24	显著	38.107 53	显著
硼硫酸阳极化+涂漆(装配)	1	2.776 4	15.723 81	显著	7.912 07	显著
	2	2.776 4	7.986 00	显著	36.028 31	显著

从表3.25中发现,暴晒在青岛和海南试样的疲劳寿命没有明显差别,只是涂漆试样的寿命高于不涂漆试样,涂漆装配试样的疲劳寿命也并没有因胶结装配连接而有很大降低。表3.26的 t 检验证明,海洋大气腐蚀已严重影响了7050铝合金的疲劳寿命,但涂漆可在一定程度上减少海洋大气对铝合金的腐蚀。同时,漆层和胶层的电阻较大,也能减少铝合金和钛合金发生接触腐蚀。图3.25是7050在海南经海洋大气暴晒2年的腐蚀宏观形貌。从图3.25(b)可以看出,7050+硼硫酸阳极化的点腐蚀严重,且发生了接触腐蚀,必然会降低疲劳寿命,而7050+硼硫酸阳极化+涂漆的试样腐蚀宏观上不明显。

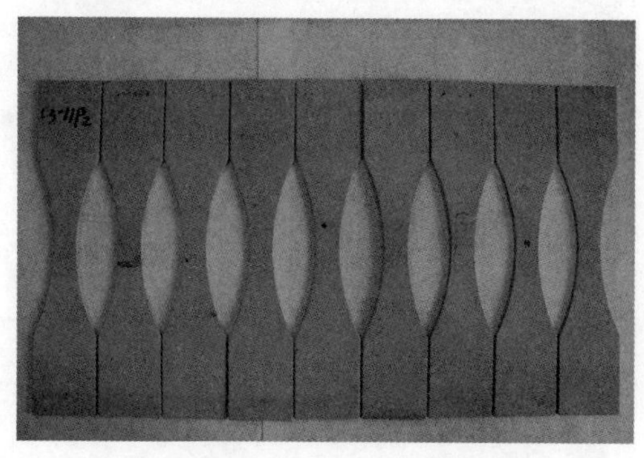

(a)7050+硼硫酸阳极化+涂漆

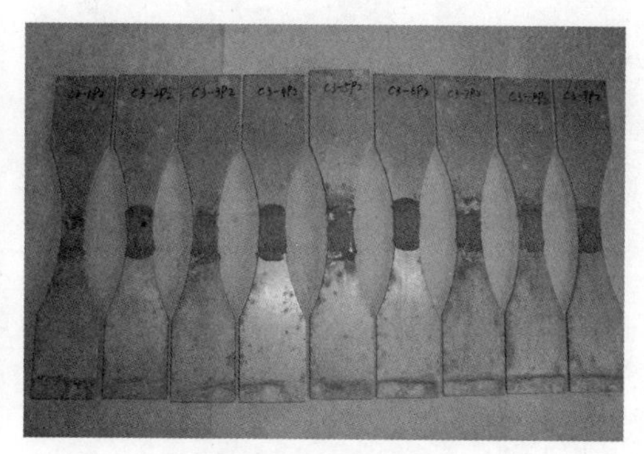

(b)7050+硼硫酸阳极化

图3.25　7050暴晒2年后的光学照片

图3.26和图3.27是经不同表面处理的暴晒2年疲劳断口的扫描照片,可见7050+硼硫酸阳极化处理的疲劳源区腐蚀严重,而7050+硼硫酸阳极化+涂漆的疲劳源区腐蚀

较轻，这样必然影响疲劳裂纹的萌生寿命。7050 + 硼硫酸阳极化处理试样腐蚀坑形成早而且深，成为疲劳裂纹源，降低疲劳裂纹的萌生寿命，从而降低疲劳寿命。从图 3.26(b)、3.27(b) 可见裂纹扩展均为条带机制，腐蚀未进入材料内部，所以裂纹扩展速度不受影响，故 7050 + 硼硫酸阳极化处理试样疲劳总寿命低于 7050 + 硼硫酸阳极化 + 涂漆试样的寿命。

(a) 疲劳源区

(b) 裂纹扩展区

图 3.26　7050 + 硼硫酸阳极化试样疲劳断口扫描照片

(a) 疲劳源区

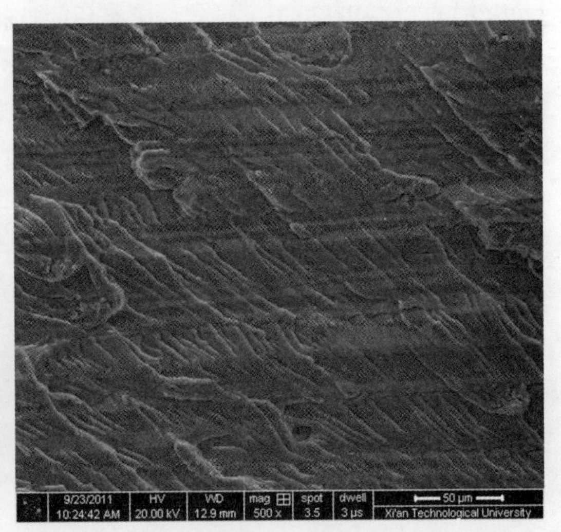

(b) 裂纹扩展区

图 3.27　7050 + 硼硫酸阳极化 + 涂漆试样疲劳断口扫描照片

3.4.4　海洋大气暴晒对 7475 铝合金疲劳性能的影响

以 7475 铝合金对比试样的 *DFR* 值，即 272.276MPa 作为加载的最大应力值，应力比 $R=0.1$，频率为 10Hz 条件下，测试 7475 铝合金海洋大气暴晒试样的疲劳寿命。将疲劳寿命数据依据肖维那法进行取舍后，数据全部有效，如表 3.27 所示。

表 3.27　7475 铝合金大气暴晒后的疲劳性能数据

表面处理及连接方式	暴晒时长/年	海南暴晒		青岛暴晒	
		寿命/N	平均寿命/N	寿命/N	平均寿命/N
硼硫酸阳极化（装配）	1	25 970	20 343	19 767	21 541
		25 667		22 958	
		18 237		26 064	
		17 534		22 896	
		14 307		16 018	
	2	14 968	12 874	14 513	13 213
		23 893		13 506	
		9 134		6 944	
		4 998		16 321	
		11 377		14 781	
				21 259	
硼硫酸阳极化（不装配）	1	10 168	20 880	11 309	20 625
		19 056		25 175	
		26 792		21 349	
		20 986		27 560	
		27 398		17 730	
	2	24 504	19 114	11 877	16 701
		15 735		13 278	
		25 588		20 443	
		11 337		18 606	
		18 405		19 303	

续表

表面处理及连接方式	暴晒时长/年	海南暴晒		青岛暴晒	
		寿命/N	平均寿命/N	寿命/N	平均寿命/N
硼硫酸阳极化+涂漆(装配)	1	33 975	30 331	20 764	33 034
		39 961		26 885	
		22 320		30 009	
		26 028		48 943	
		29 271		38 567	
	2	23 061	30 456	23 697	26 418
		47 153		21 999	
		23 052		32 950	
		28 125		29 949	
		30 888		23 495	
硼硫酸阳极化+涂漆(不装配)	1	27 344	39 959	18 768	20 969
		61 749		19 088	
		19 632		24 287	
		36 405		21 724	
		54 663		20 976	
	2	51 523	26 618	42 487	33 496
		21 860		30 271	
		25 183		42 145	
		15 511		21 258	
		19 015		31 321	

从表3.27中分析可得,7475+硼硫酸阳极化无论是否与TC18+阳极化胶接装配,经大气暴晒2年试样的疲劳寿命均低于暴晒1年试样的疲劳寿命,随大气暴晒时长的增加,7475铝合金的疲劳寿命降低。但7475+硼硫酸阳极化+涂漆的装配试样,经海南暴晒1年和2年的疲劳寿命相当,但不装配的暴晒2年的疲劳寿命低于1年的。对于在青岛暴晒的7475+硼硫酸阳极化+涂漆的装配试样变化不大。经7475+硼硫酸阳极化处理的试样,装配件的疲劳寿命均低于不装配的,这与大气暴晒发生点蚀及接触腐蚀有一定的关系。经7475+

硼硫酸阳极化 + 涂漆处理的试样，装配件与不装配件的疲劳寿命没有明显的变化，说明涂漆层对防止点腐蚀和接触腐蚀有一定的作用。

7475 铝合金经硼硫酸阳极化或经硼硫酸阳极化再涂漆，无论与阳极化处理的 TC18 钛合金是否胶接装配，经海南和青岛两地暴晒 1 年或 2 年，所有试样的疲劳寿命均低于对比试样的疲劳寿命，其疲劳寿命均是 10^4N 数量级。从图 3.28 中观察可以发现，其腐蚀程度表面未涂漆的腐蚀严重，尤其是试样中心位置的腐蚀会降低其疲劳寿命。因此在同样暴晒条件下，7475 + 硼硫酸阳极化 + 涂漆试样的疲劳寿命高于 7475 + 阳极化试样的疲劳寿命，也证明了表面处理对防止腐蚀有重要作用。

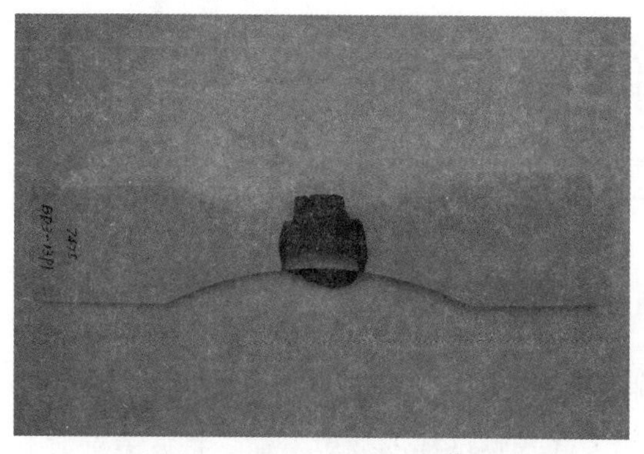

(a)7475 + 硼硫酸阳极化 + 涂漆(1 年)

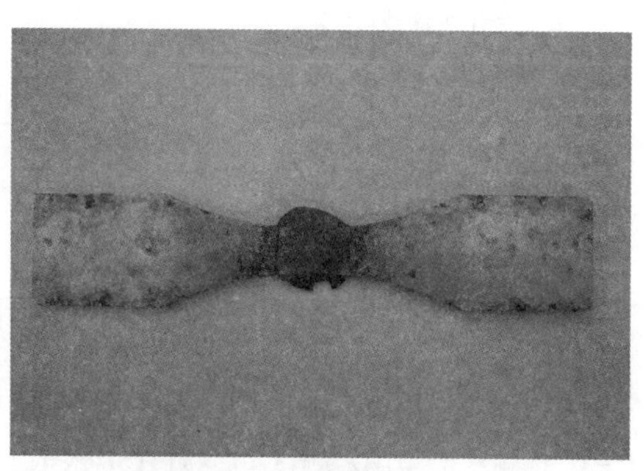

(b)7475 + 硼硫酸阳极化(1 年)

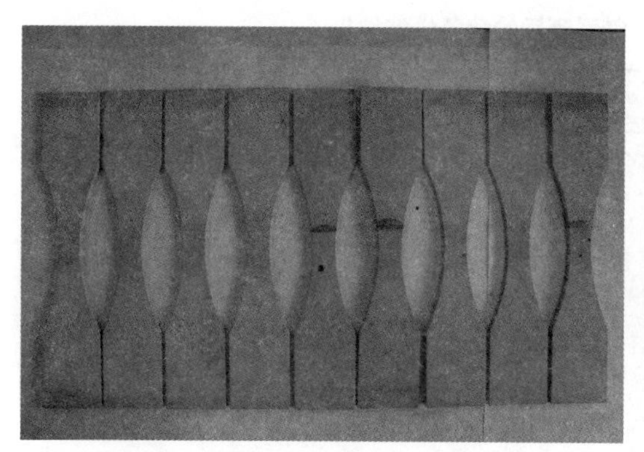

(c)7475 + 硼硫酸阳极化 + 涂漆(2 年)

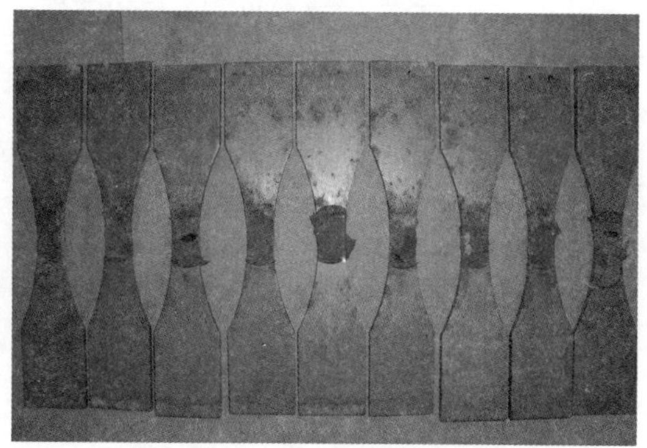

(d)7475 + 硼硫酸阳极化(2 年)

图 3.28　7475 暴晒后的光学照片

为了进一步分析大气暴晒对 7475 铝合金疲劳寿命的影响，对这种材料暴晒试样的对数疲劳寿命进行 t 检验分析，得到结果见表 3.28。t 检验结果是统计量大于其临界值，说明海洋大气暴晒对 7475 疲劳性能有显著影响。

表 3.28　7475 铝合金暴晒后疲劳寿命 t 检验结果

表面处理及连接方式	暴晒时长/年	$t_{0.05}$	海南暴晒试样		青岛暴晒试样	
			t 统计量	显著性	t 统计量	显著性
硼硫酸阳极化(不装配)	1	2.776 4	13.985 37	显著	10.289 03	显著
	2	2.776 4	11.321 35	显著	16.560 36	显著
硼硫酸阳极化(装配)	1	2.776 4	9.033 59	显著	18.618 51	显著
	2	2.776 4	8.384 47	显著	13.007 35	显著
硼硫酸阳极化+涂漆(不装配)	1	2.776 4	4.714 48	显著	33.452 56	显著
	2	2.776 4	15.540 83	显著	8.811 27	显著
硼硫酸阳极化+涂漆(装配)	1	2.776 4	11.982 00	显著	7.795 58	显著
	2	2.776 4	18.310 60	显著	17.144 56	显著

3.4.5　海洋大气暴晒对 17-7PH 不锈钢疲劳性能的影响

以 17-7PH 不锈钢对比试样的 *DFR* 值,即 473.831MPa 为加载的最大应力值,应力比 $R=0.1$,频率为 10Hz,测试 17-7PH 不锈钢海洋大气暴晒试样的疲劳寿命。将疲劳寿命数据依据肖维那法进行取舍后,数据全部有效,如表 3.29 所示。

表 3.29　17-7PH 不锈钢大气暴晒后的疲劳性能数据

表面处理及连接方式	暴晒时长/年	海南暴晒		青岛暴晒	
		寿命/N	平均寿命/N	寿命/N	平均寿命/N
化学钝化(装配)	1	232 599	198 391	193 753	207 560
		233 613		191 994	
		211 982		215 245	
		42 524		242 026	
		199 948		194 780	
	2	113 764	184 544		152 022
		158 623		153 505	
		163 761		129 643	
		261 000		136 765	
		188 705		143 845	
		150 630		196 350	

续表

表面处理及连接方式	暴晒时长/年	海南暴晒		青岛暴晒	
		寿命/N	平均寿命/N	寿命/N	平均寿命/N
化学钝化(不装配)	1	208 866	182 190	185 306	196 288
		159 955		212 148	
		169 504		195 403	
		197 529		195 720	
		175 095		192 865	
	2	161 161	129 575	178 252	169 390
		107 353		162 162	
		59 261		232 805	
		159 777		110 560	
		160 322		163 169	
化学钝化+涂漆(装配)	1	226 609	216 581	158 551	175 224
		273 396		183 904	
		196 499		189 643	
		231 622		192 537	
		154 781		151 484	
	2	188 381	188 066	120 939	159 937
		218 818		240 248	
		203 351		117 449	
		160 155		151 494	
		169 625		169 556	
化学钝化+涂漆(不装配)	1	202 120	179 810	196 140	205 620
		179 811		257 712	
		167 232		187 398	
		159 363		182 681	
		190 524		204 171	
	2	190 231	355 520	147 045	172 950
		210 928		243 624	
		88 904		204 002	
		216 138		157 154	
		1 071 398		112 923	

17－7PH＋化学钝化和 17－7PH＋化学钝化＋涂漆无论是否与 TC18 钛合金装配，随着暴晒时间延长，疲劳寿命都有降低的趋势，暴晒 2 年的疲劳寿命低于暴晒 1 年的。装配件和不装配的疲劳寿命无明显变化，即 17－7PH＋化学钝化与 TC18 阳极化连接后并涂胶，没有发生接触腐蚀，所以不会影响其疲劳寿命。虽然暴晒 2 年的寿命低于暴晒 1 年的，但暴晒试样的疲劳寿命和对比试样寿命在同一数量级，即 10^5N，说明大气暴晒没有降低其疲劳寿命。同时 17－7PH＋化学钝化在海南和青岛两地暴晒后的疲劳寿命没有明显差异。暴晒后的光学照片如图 3.29 所示。表面处理为化学钝化＋涂漆的，其表面基本没发生腐蚀现象；表面仅进行化学钝化处理的，表面出现点腐蚀，但并不严重，暴晒 2 年的比暴晒 1 年的腐蚀稍严重。

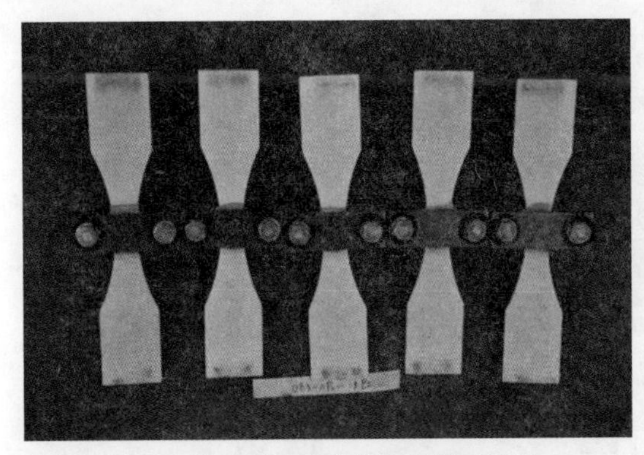

(a)化学钝化＋涂漆装配件暴晒 1 年

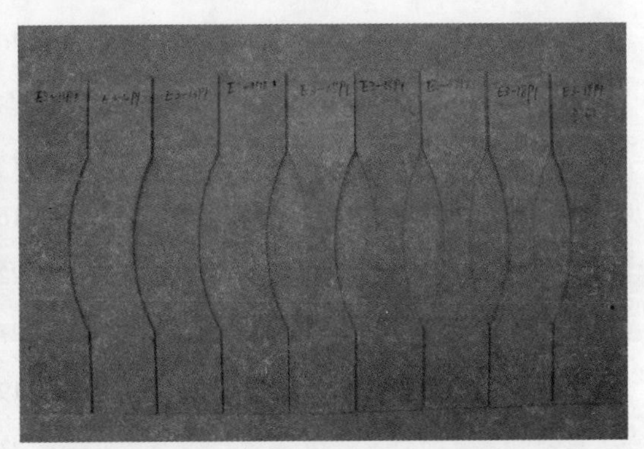

(b)化学钝化＋涂漆装配件(卸)暴晒 2 年

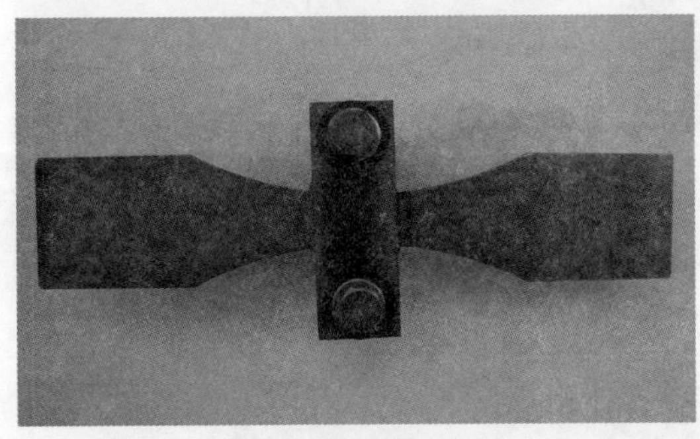

(c)化学钝化暴晒 2 年

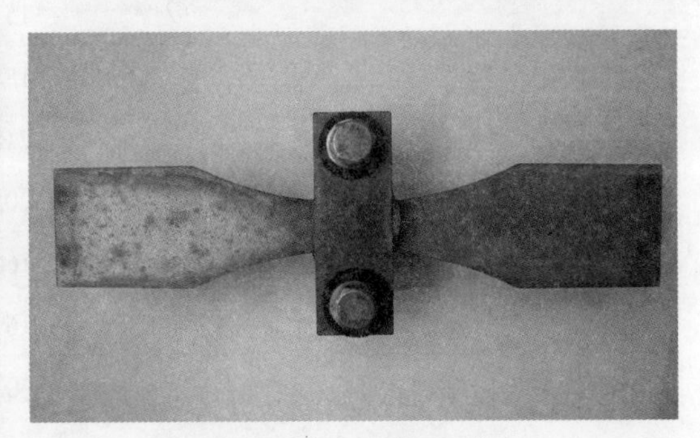

(d)化学钝化暴晒 1 年

图 3.29　17－7PH 暴晒后的光学照片

从图 3.30 试样腐蚀的深度发现，表面有涂漆层的其表面完整，而没有涂漆层的除发现表面加工痕迹外，表面有一定数量的腐蚀坑，但两者都较均匀且不深，约为 6μm。17－7PH 不锈钢试样室温下的相组成为 δ 铁素体＋奥氏体＋回火马氏体。钢的固溶态组织均为奥氏体基体上析出的不等量的 δ 铁素体，而经时效处理后 17－7PH 不锈钢的组织部分转变为马氏体，且基体上析出了 δ 铁素体和 Ni_3Al 颗粒，具有明显析出强化的效果。点蚀的形成与发展主要取决于钢的化学成分及其表面钝化膜的成分。17－7PH 不锈钢的含碳量较低，析出的碳化物少,点蚀源相应也少,而且该钢中含有使表面钝化趋势大的 Al,它的存在具有阻止小孔形核和促使小孔再钝化的作用,因此 17 - 7PH 不锈钢具有较好的抗点蚀性能。

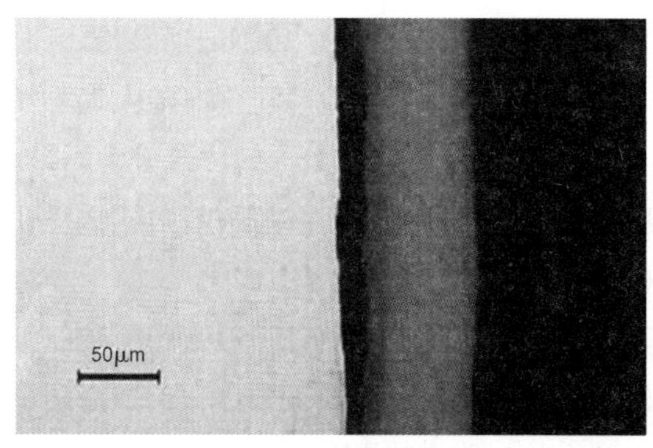

(a)化学钝化 + 涂漆

(b)化学钝化

图 3.30　暴晒试样的腐蚀深度

不锈钢在大气中具有优良的耐蚀性,主要以增加合金中的 Cr 含量来提高表面的钝化能力,表面形成的保护膜可抑制腐蚀的发生。一般认为 13% 的 Cr 含量即可达到自钝化成膜的目的。在一般大气环境中,仅有水膜是不会破坏不锈钢表面的钝化膜的,即使某些点的钝化膜发生破坏,也很容易自修复。但是在较苛刻的大气环境下,如海洋大气,风会携带氯化物的悬浮颗粒通过对流和湍流扩散从海水传输到钢表面,氯化物通过潮解释放出的 Cl^- 会引起不锈钢表面钝化膜的破裂,从而发生严重的局部腐蚀,如点蚀和缝隙腐蚀等,影响其外观和使用寿命。当不锈钢处于海洋大气环境中长期暴露后,并在表面布满黄锈点。发生的腐蚀破坏形式为点蚀。

在大气环境中不锈钢产生点蚀,主要的有害杂质是 Cl^- 和 SO_2,其中以 Cl^- 影响最大,这是因为存在的 Cl^-,能优先吸附在钝化膜上,把氧原子挤掉,然后与钝化膜的阳离子结合成可溶性氯化物,结果在夹杂、析出相、晶界等附近生成小蚀坑。蚀坑内部的金属处于活化态,电位较负,蚀坑外的金属表面处于钝态,电位较正,于是孔内与孔外构成一个活化态——钝化态微电偶腐蚀电池,电池具有大阴极 - 小阳极的面积比结构,阳极电流密度很大,蚀孔加深也很快。孔外的金属由于受到阴极保护,没有发生腐蚀。但 17 - 7PH 不锈钢由于含碳量低,晶界碳化物析出少,钝化膜亦较为均匀,所以它具有较好的抗点蚀性能。同时,17 - 7PH 不锈钢含有大量的 Cr、Ni 元素和少量的 Al 元素,Cr、Ni 和 <Cr - Al> 联合因子都能使钢的腐蚀电位发生正移[38],进一步阻止点蚀的加深。大量事实证明,从钢构件腐蚀破坏和提前报废的许多实例来看,其大多是由于不均匀腐蚀被破坏的。而 17 - 7PH 不锈钢表面的点蚀不深,并且趋向均匀腐蚀,所以海洋大气暴晒并没有影响其疲劳寿命。同时因为 17 - 7PH 经化学钝化或再涂漆后,电极电位与 TC18 阳极化电位接近,发生电偶腐蚀倾向小,所以经大气暴晒后没有因为接触腐蚀和点腐蚀而降低其疲劳寿命。

3.4.6 小结

1)300M钢经青岛和海南大气暴晒后其疲劳寿命降低,疲劳寿命为10^4N,且随着暴晒时长的延长其疲劳寿命降低。是否与TC18连接不是关键因素。经t检验证明海洋大气暴晒对300M钢的疲劳寿命有显著影响。

2)30CrMnSiNi2A钢经青岛和海南大气暴晒后其疲劳寿命没有明显降低,与对比试样在同一数量级,即10^5N。经t检验证明大气暴晒对其疲劳寿命影响不显著。

3)7050铝合金经青岛和海南大气暴晒后其疲劳寿命降低为10^4N;7050+硼硫酸阳极化+涂漆经暴晒后寿命高于7050+硼硫酸阳极化的寿命;7050+硼硫酸阳极化的寿命随暴晒时间的延长而下降。经t检验证明大气暴晒对其疲劳寿命有显著影响。

4)7475铝合金经青岛和海南大气暴晒后其疲劳寿命降低为10^4N;疲劳寿命随暴晒时间的延长而下降,与TC18装配试样的疲劳寿命低于不装配试样的疲劳寿命。经t检验证明大气暴晒对其疲劳寿命影响显著。

5)17-7PH不锈钢经青岛和海南大气暴晒后其疲劳寿命没有降低,与对比试样处于同一数量级,即10^5N;其在青岛暴晒随时间的延长,材料疲劳寿命降低;17-7PH+阳极化+涂漆经青岛大气暴晒后的寿命高于17-7PH+阳极化的寿命。海南大气暴晒时间对疲劳寿命的影响不明显。

6)表面处理可提高材料在腐蚀介质中的抗接触腐蚀能力,尤其是涂漆后连接方式为涂胶的效果更佳。

7)表面加工质量对抗腐蚀影响显著,所以在生产中应降低表面粗糙度,以提高其抗腐蚀性能。

第 4 章

与 TC18 钛合金偶接金属断口分析

在扫描电镜(SEM)下观察拉伸和疲劳断口的形貌,分析断裂机理,进一步分析盐雾腐蚀和海洋大气暴晒对接触腐蚀及力学性能的影响。

4.1 拉伸断口分析

4.1.1 300M 钢的拉伸断口形貌分析

前面数据分析表明,盐雾腐蚀和海洋大气腐蚀对不同表面处理的300M 钢的拉伸力学性能没有显著影响,现在对拉伸断口进行分析。

从宏观形貌图 4.1(a)可以看出,裂纹起源于试样内部,裂纹源周围存在少量较为平坦的裂纹扩展区,即放射区。将放射区放大,如图 4.1(b)所示,可见明显的放射条纹,由于板状试样的厚度较薄,放射区域很小。随着裂纹的扩展,当裂纹尺寸达到一定值时,仅剩试样表面有部分连接,此时的应力状态已发生变化,由三向应力状态转变为二向平面应力状态,形成典型的剪切唇特征。由于与拉伸应力轴为 45°角方向上的剪应力最大,因此在断口的外层形成与拉伸应力轴成 45°角的剪切唇。

(a)300M 钢拉伸断口宏观形貌

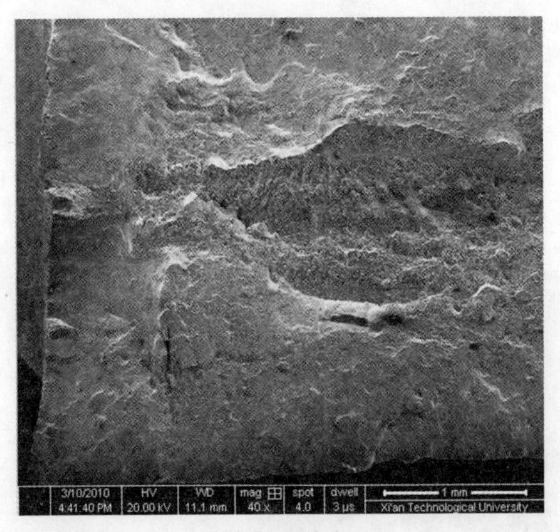

(b)断口放大

图4.1　300M钢拉伸断口全貌

从裂纹源区、放射区和剪切唇的放大图可以发现,300M钢裂纹起源于试样内部的显微空洞,如图4.2所示。单轴拉伸时,试样截面中心处于三向应力状态。材料承受拉伸载荷时,当应力超过材料的屈服强度时发生塑性变形,试样内部产生显微孔洞形成裂纹源。

裂纹源的周围正是裂纹的扩展区,其形貌如图4.3(a)所示。从图中可以发现,裂纹扩展区域内存在大量的等轴韧窝,这是在正应力的均匀作用下,显微孔洞沿空间3个方向上的长大速度相同造成的。图4.3(b)是剪切唇的显微照片,可以看到许多抛物线韧窝,以及抛物线韧窝包围着的等轴韧窝,两者交替分布,这一区域是在断裂的最后阶段由仅剩表面部分撕裂所致。

综上所述,300M钢拉伸断口属于微孔聚集型断裂。300M钢拉伸断裂裂纹源于中心,且在盐雾和海洋大气中与TC18连接没有发生明显的接触腐蚀,所以对其拉伸性能没有产生明显的影响。

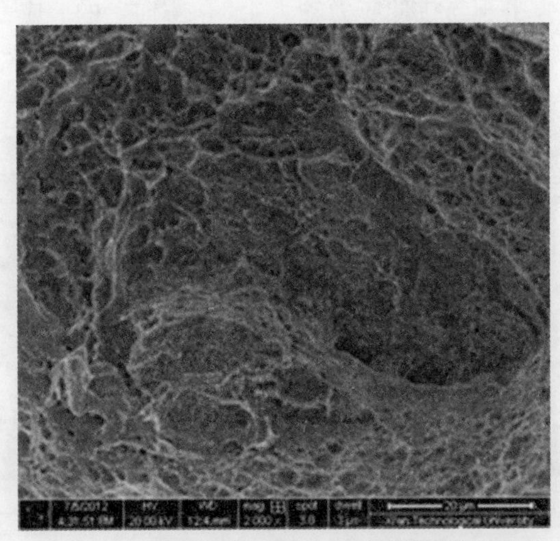

图4.2　300M钢拉伸断口裂纹源微观形貌

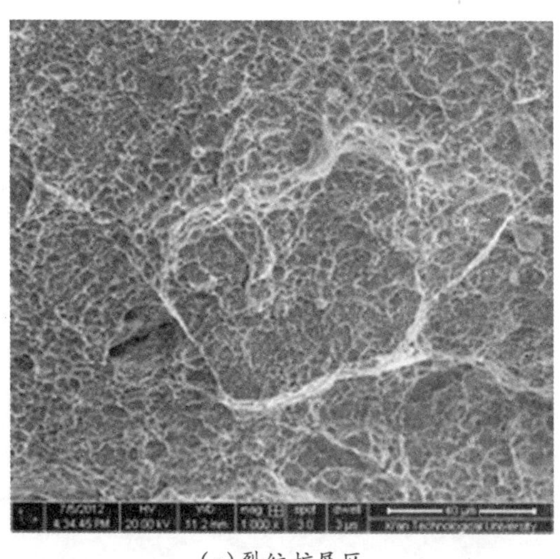

(a)裂纹扩展区

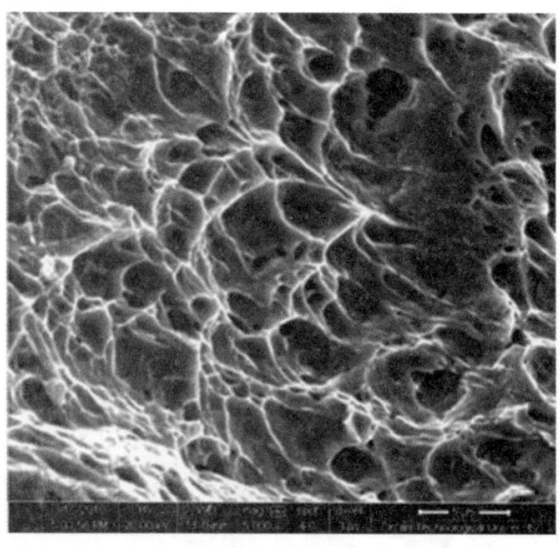

(b)剪切唇

图4.3　300M钢拉伸断口微观形貌

4.1.2　30CrMnSiNi2A钢的拉伸断口形貌分析

在SEM下观察30CrMnSiNi2A钢的拉伸断口形貌，如图4.4所示。可以看出，30CrMnSiNi2A钢在轴向拉伸载荷作用下，裂纹起源于试样内部；裂纹向周围扩展没有明显的放射状花样，在断口四周可以看到明显的剪切唇特征。

从图4.5(a)中可以看出，30CrMnSiNi2A钢裂纹起源于试样内部的显微空洞，这与试样受力及材料的组织结构等因素有关。图4.5(b)中表明裂纹扩展区存在大量的等轴韧窝。从图4.5(c)中可以看到许多抛物线韧窝，即剪切唇的特征，由断裂的最后阶段仅剩表面部分撕裂所致。

综上所述，30CrMnSiNi2A钢拉伸断裂属于微孔聚集型断裂。

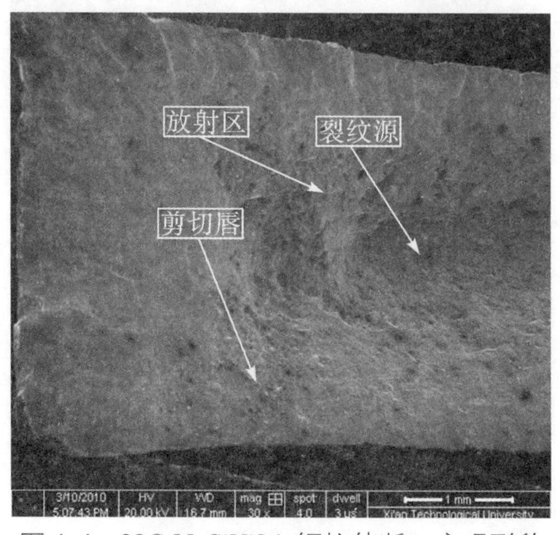

图4.4　30CrMnSiNi2A钢拉伸断口宏观形貌

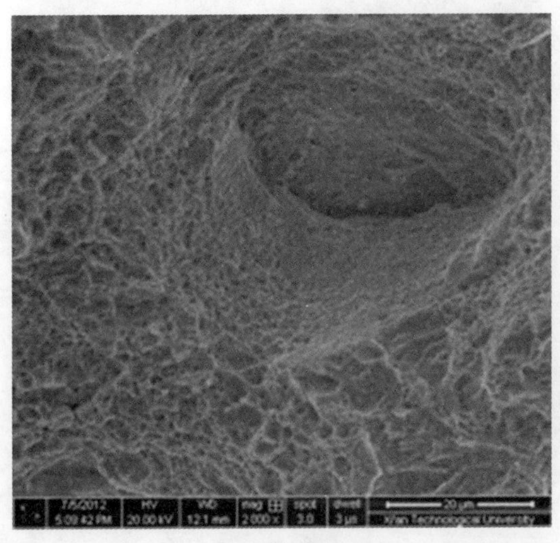

(a)裂纹源

(b)裂纹扩展区域

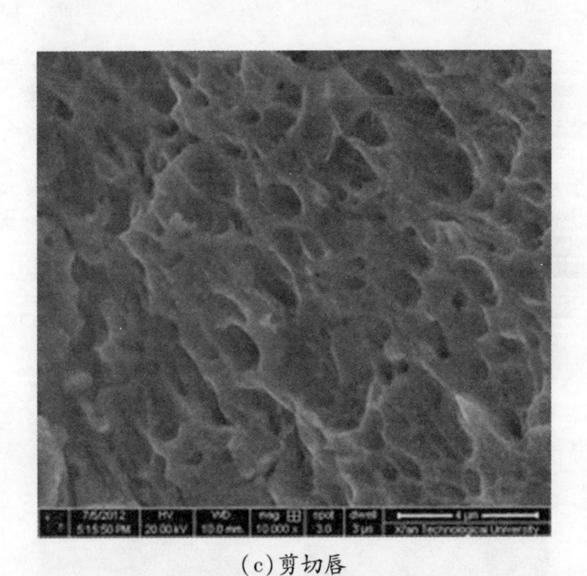

(c)剪切唇

图4.5　30CrMnSiNi2A钢拉伸断口形貌

4.1.3　7050铝合金的拉伸断口形貌分析

7050铝合金的拉伸断口宏观形貌如图4.6所示。拉伸断口附近没有明显的宏观塑性变形,并且3个区域界线不明显,剪切区面积比较小。

在SEM下观察7050铝合金拉伸断口的微观形貌,如图4.7所示。从图中可以看出,裂纹起源于材料内部的第二相粒子处(图4.7(a))。由于第二相粒子与基体的硬度及变形能力不同，当试样受到拉应力发生塑性变形时，第二相与基体的界面会出现脱开现象。相界面的脱开导致金属出现结构不连续，引起应力集中，在相界面产生空隙引起微裂纹。微裂纹的聚集会形成宏观裂纹源。裂纹扩展区裂纹放射特征不明显，裂纹沿板材轧制方向扩展明显，形成层状特征（图 4.7(b)）。层面上仍是等轴韧窝，见图 4.7(c)。图 4.7(d) 中的韧窝呈抛物线形状，即拉长了的韧窝，属于剪切型韧窝。这是因为显微孔洞各部分所受应力不同，沿着受力较大的方向韧窝被拉长，材料断裂后就形成了抛物线状韧窝，抛物线开口方向是最大应力方向，这是剪切唇的韧窝特征。

综上所述，7050 铝合金断裂属于第二相粒子引起的微孔聚集型断裂。

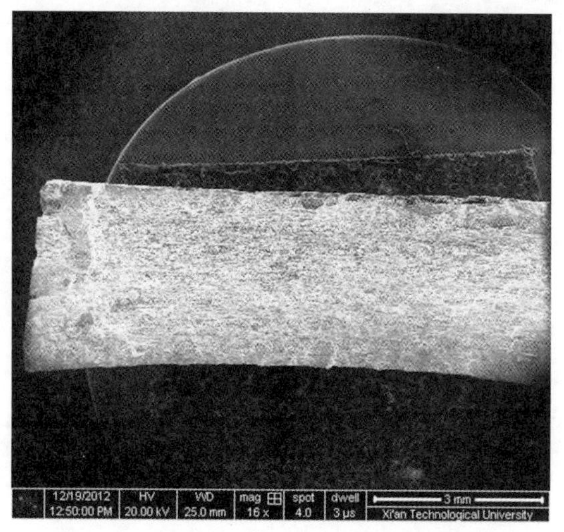

图 4.6　7050 铝合金拉伸断口宏观形貌

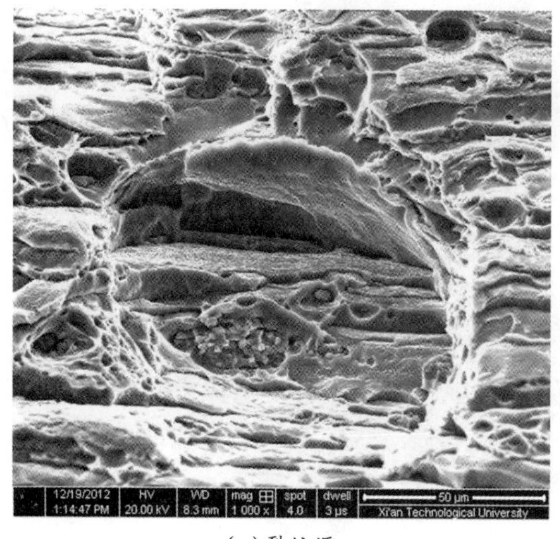

(a) 裂纹源

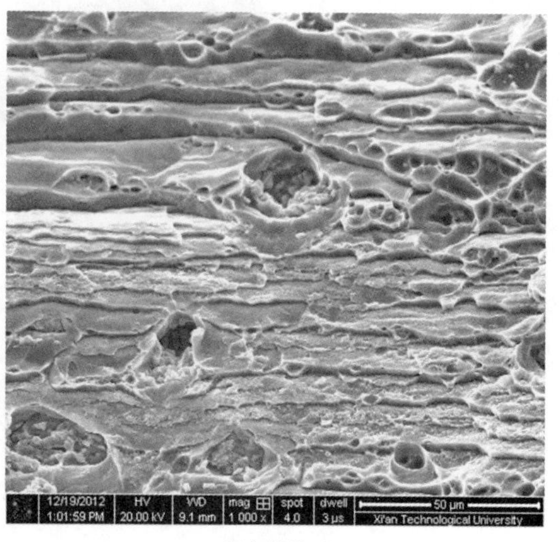

(b) 扩展区

(c)放射区韧窝

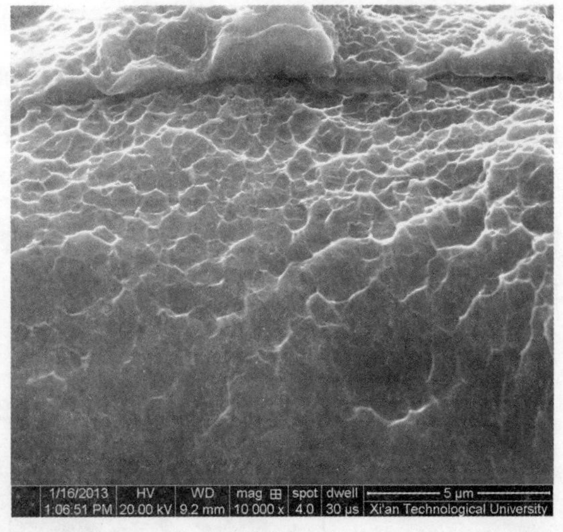

(d)剪切唇

图 4.7　7050 铝合金拉伸断口微观形貌

4.1.4　7475 铝合金的拉伸断口形貌分析

7475 铝合金的拉伸断口宏观形貌见图 4.8。观察可以发现,7475 铝合金的拉伸断口的裂纹源在试样中心,放射区特征不明显,剪切区面积小,宏观上没有发生明显的塑性变形。

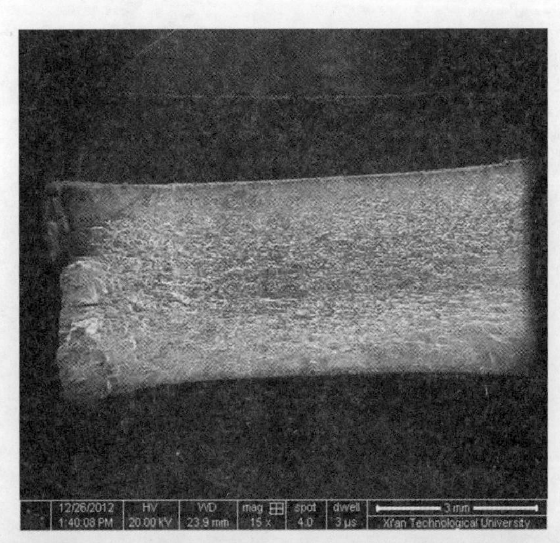

图 4.8　7475 铝合金拉伸断口宏观形貌

在SEM下观察7475铝合金拉伸断口的微观形貌，如图4.9所示。从图4.9(a)中可以看出，7475铝合金拉伸断口与7050铝合金相似，其裂纹也是起源于试样心部第二相粒子处。裂纹扩展区如图4.9(b)所示，是一层一层的片状结构，这与轧制结构有关。将其层面放大分析，如图4.9(c)所示，是微孔聚集形成的韧窝，韧窝以第二相粒子为中心聚集长大。图4.9(d)是瞬断区的微观形貌，试样断裂剪切唇小，其剪切特征不明显，微观韧窝基本接近正韧窝。

综上所述，7475铝合金拉伸断裂属于第二相粒子引起的微孔聚集型断裂。

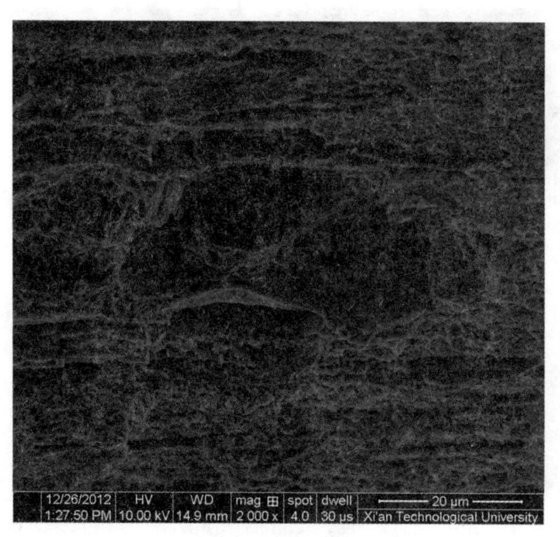

(a)裂纹源

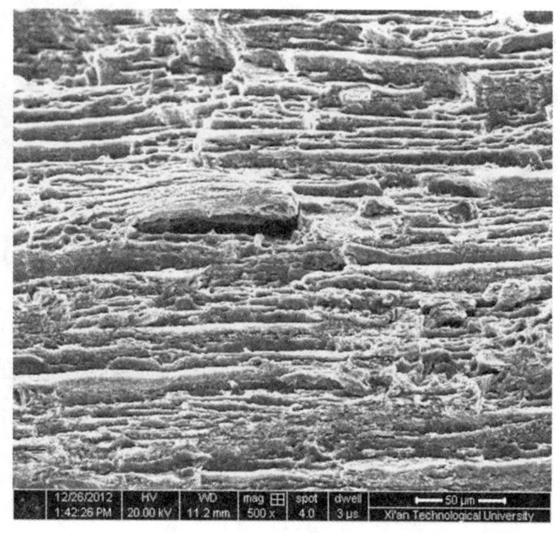

(b)裂纹扩展区

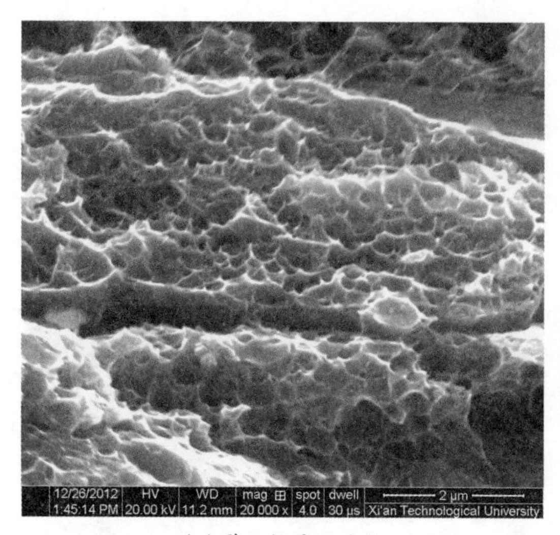

(c)裂纹扩展区放大

(d)瞬断区韧窝

图4.9　7475铝合金拉伸断口微观形貌

4.1.5　17－7PH不锈钢的拉伸断口形貌分析

17－7PH不锈钢的拉伸断口宏观形貌如图4.10所示。

从图4.10中可以看出，断面中部颜色比较灰暗，近表面处颜色较亮，这是因为17－7PH不锈钢的拉伸断裂是因孔洞聚集引发的，在拉伸应力的作用下，试样内部出现显微孔洞，孔洞以外连接基体的部分则逐渐伸长变细且成纤维状。当裂纹接近试样表面时，连接部分的面积很小，承受的应力很大导致试样瞬间断裂，导致发亮。

图4.10　17－7PH不锈钢拉伸断口宏观形貌

在SEM下观察17－7PH不锈钢拉伸断口的微观形貌，如图4.11所示。从图4.11(a)中可以看出，裂纹在试样心部萌生，同时发现第二相。拉伸时试样心部受三向应力，第二相和基体变形能力不同，当应力达到一定值时，第二相和基体界面开裂，形成微裂纹，以微孔聚集长大成为裂纹源。观察图4.11(b)，可以发现裂纹微孔聚集长大向外扩展，从而形成韧窝，同时发现在韧窝底部夹杂着第二相粒子，即17－7PH不锈钢中的强化相。当裂纹扩展至试样表面时，试样实际受的是剪切力，所以裂纹扩展形成的韧窝呈抛物线状，如图4.11(c)所示。

综上所述，17－7PH不锈钢拉伸断裂属于微孔聚集型断裂。

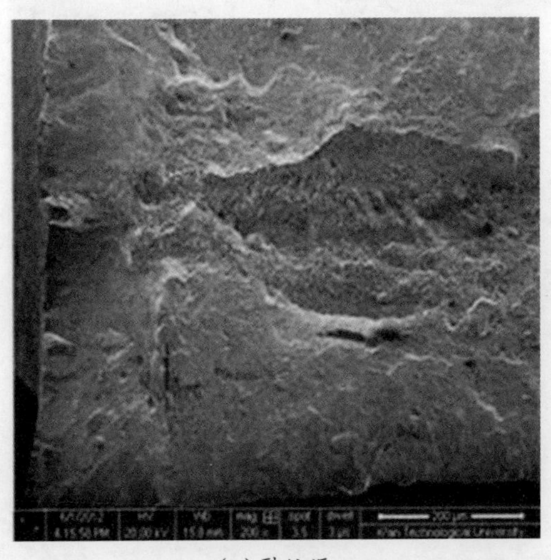

(a)裂纹源

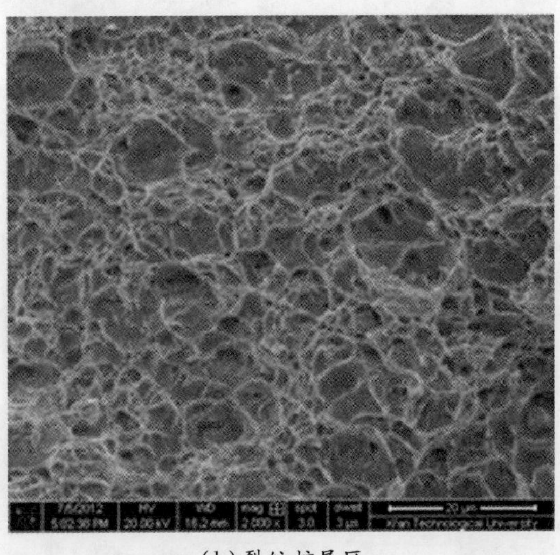

(b)裂纹扩展区

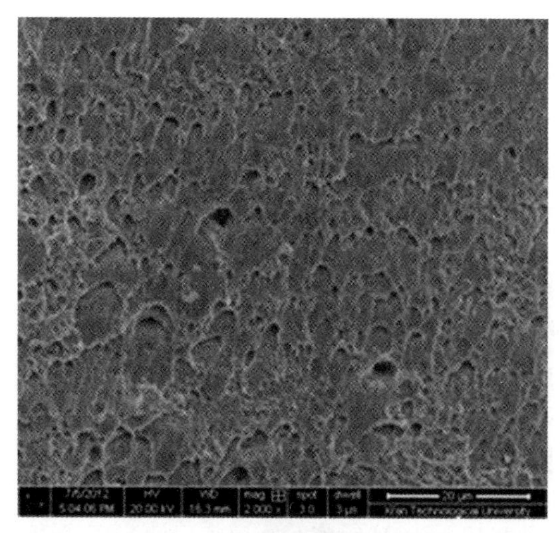

(c)撕裂区

图4.11　17－7PH不锈钢拉伸断口微观形貌

4.2　疲劳断口分析

4.2.1　300M钢的疲劳断口形貌分析

腐蚀会影响疲劳源的萌生位置和腐蚀产物，而海洋腐蚀试样和盐雾腐蚀试样疲劳源区除了腐蚀产物有差异，其形貌特征基本一致，且腐蚀并未影响疲劳扩展区和瞬断区的形成机理，因而其疲劳断裂机制应是相同的。

疲劳断裂一般为微观裂纹阶段，即裂纹萌生。在循环应力加载下，最高应力通常在表面或近表面区，尤其当表面产生腐蚀时更易在表面形成裂纹。裂纹沿着与主应力约成45°角的最大剪应力方向扩展，发展成为宏观裂纹，进入宏观裂纹扩展阶段。当裂纹扩大到试样残存截面不足以抵抗外载荷时，试样就会在某次加载下突然断裂，即瞬时断裂阶段。300M钢的疲劳断口宏观形貌同样分为裂纹源、裂纹扩展区和瞬断区。

在SEM下观察300M钢疲劳断口，其微观形貌如图4.12所示。其疲劳源萌生于试样表面，这与表面受力最大和表面腐蚀有关。

从图4.13中可以看出，当裂纹达到一定尺寸进入裂纹扩展阶段，裂纹扩展区存在大量清晰且断断续续的疲劳条纹，呈现出脆性疲劳条带特征，扩展区还存在解理面，如图4.13(a)。同时，在疲劳裂纹扩展过程中，由于裂纹尖端应力集中，300M钢塑性低，因此在疲劳条纹中出现了二次裂纹(如图4.13(b))。

图 4.12　300M 钢疲劳断口疲劳源 SEM 形貌

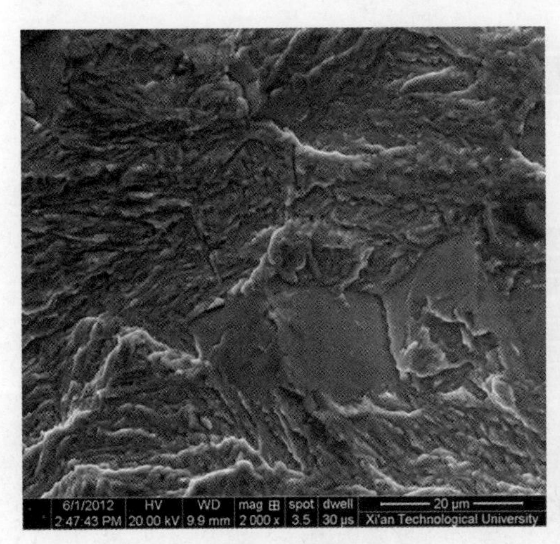

(a)疲劳条纹和解理面

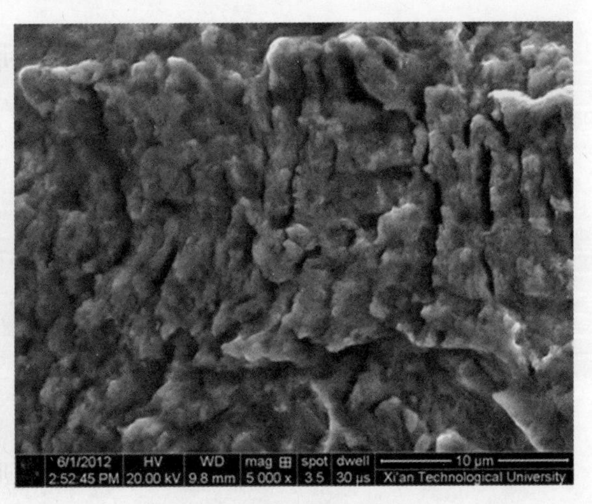

(b)疲劳条纹和二次裂纹

图 4.13　300M 钢疲劳断口裂纹扩展区 SEM 形貌

裂纹继续向前扩展,会出现大韧窝和小韧窝,如图 4.14 所示。较大尺寸的夹杂物或以第二相质点作为韧窝的核心会形成显微孔洞,当显微孔洞长大到一定尺寸时,较小的夹杂物或第二相质点也随之形成显微孔洞并长大,与之前形成的显微孔洞在长大过程中会发生聚集合并,因而会形成大小不一的韧窝。

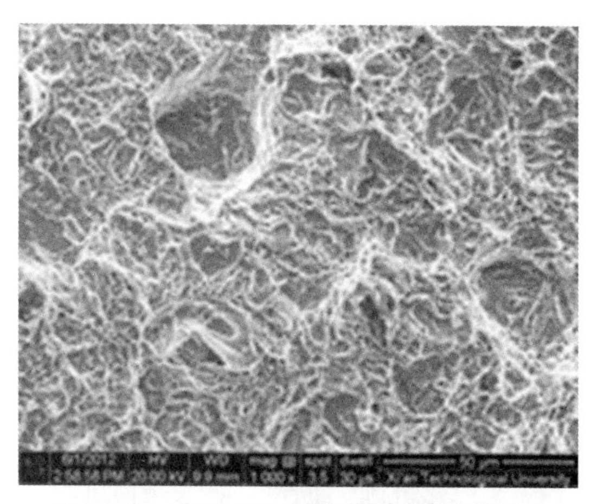

图 4.14　300M 钢疲劳断口瞬断区形貌

4.2.2　30CrMnSiNi2A 钢的疲劳断口形貌分析

30CrMnSiNi2A 钢的疲劳断口宏观形貌如图 4.15 所示。可以看出,辐射状标记指向试样的一个角,裂纹正是从此处萌生向试样内部扩展长大,且扩展区较为平坦。瞬断区形成剪切唇,且与应力轴大约成 45°夹角。

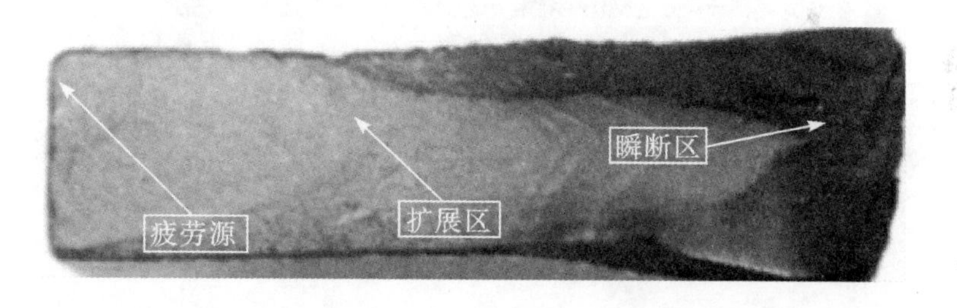

图 4.15　30CrMnSiNi2A 钢的疲劳断口宏观形貌

一般情况下,板件在拉拉疲劳下常常有如图 4.16 所示的断口。这是因为当裂纹长度较短时,裂纹尖端的塑性区较小,裂纹面是平断口。随着裂纹的扩展,裂纹尖端塑性区尺寸增加,裂纹面呈 45°剪切形偏斜,可以是单边剪切如图 4.16(a),也可以是双边剪切,如图 4.16(b)。30CrMnSiNi2A 钢的疲劳断口就是双边剪切。

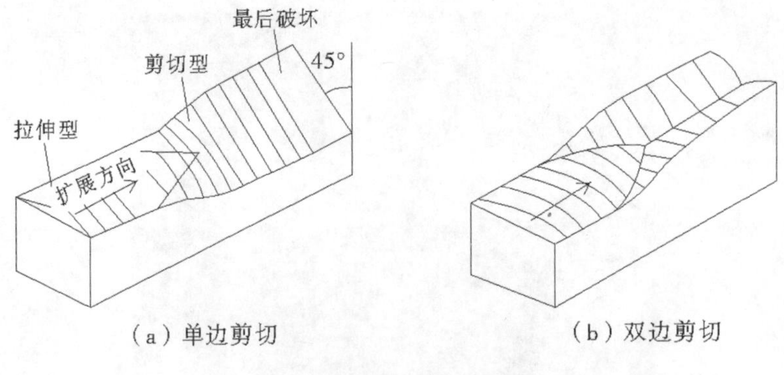

（a）单边剪切　　（b）双边剪切

图 4.16　板材疲劳断口

在 SEM 下观察 30CrMnSiNi2A 钢的疲劳断口形貌，如图 4.17 所示。可以看出，裂纹源萌生于试样表面，裂纹源处有明显腐蚀痕迹。

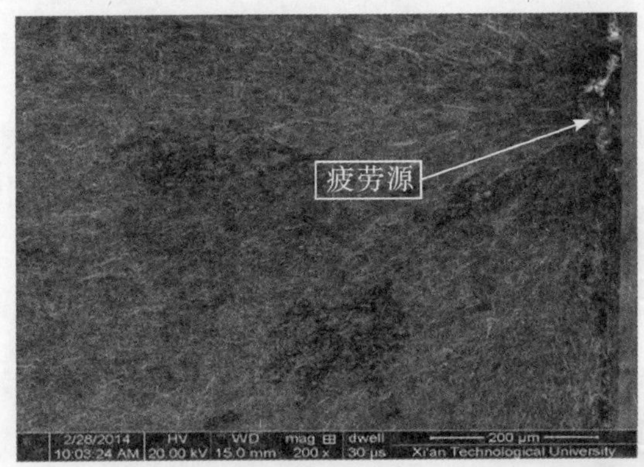

图 4.17　30CrMnSiNi2A 钢疲劳断口疲劳源 SEM 形貌

如图 4.18(a)所示，在裂纹扩展区疲劳条带呈现明显的脆性特征，且连续性差。疲劳条带间二次裂纹较多，如图 4.18(b)所示。这是因为 30CrMnSiNi2A 钢强度高、塑性较差，在裂纹局部瞬时前沿的微观塑性差，不能由塑性变形来降低能量，只能依靠增加二次裂纹的界面能来消耗能量，因此会产生二次裂纹。

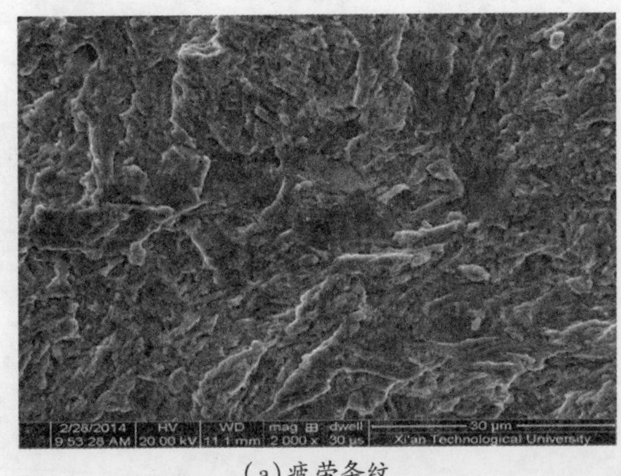

(a)疲劳条纹

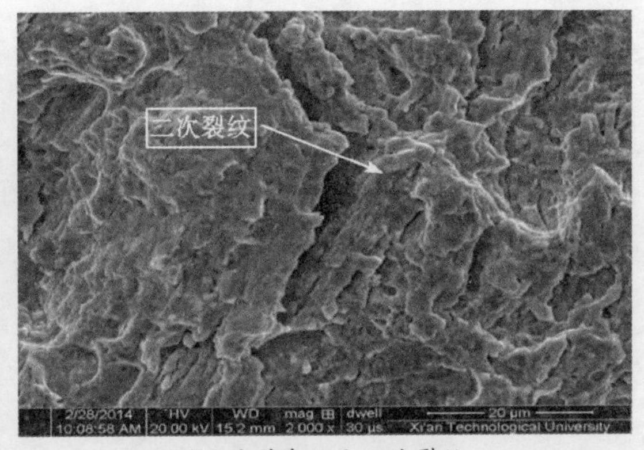

(b)疲劳条纹和二次裂纹

图 4.18　30CrMnSiNi2A 钢疲劳断口裂纹扩展区 SEM 形貌

从图4.19中可以看出,瞬断区存在许多韧窝,在韧窝底部有第二相粒子。此时钢使用状态的组织是回火马氏体,有回火时析出的碳化物。在裂纹扩展过程中,碳化物与基体界面受力的塑性变形能力不同,界面应力大使其开裂,形成显微孔洞,显微孔洞继续长大。此时瞬断区试样已不是平面应力状态,断口不再有疲劳条带,试样剩余没断面积受到的是剪切力。在剪切唇部位,有大量密集的细小韧窝,这是因为裂纹后期处于失稳扩展阶段,裂纹以外连接部分所占面积很少,而所受的最大力仍然不变,导致连接部分的真实应力剧增,来不及发生大的塑性变形,在短短的几个周期内发生断裂,于是便形成了此形貌。

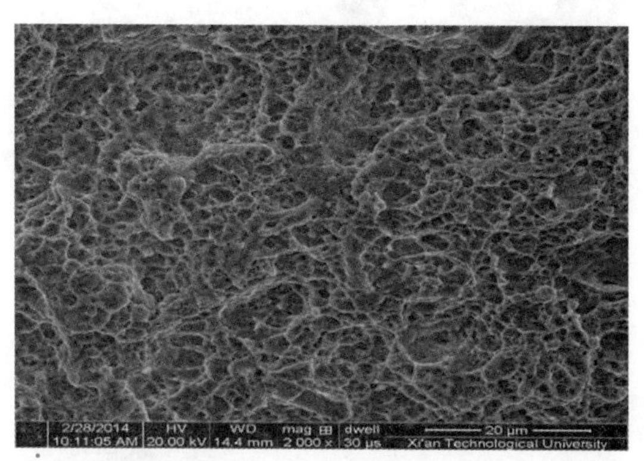

图4.19　30CrMnSiNi2A钢疲劳断口瞬断区SEM形貌

4.2.3　7050铝合金的疲劳断口形貌分析

7050铝合金的疲劳断口宏观形貌如图4.20所示。可以看出,疲劳裂纹萌生于试样的一边,扩展区较为平坦,瞬断区形成剪切唇,与应力轴大约成45°夹角,瞬断区占断口的面积比重较大。

图4.20　7050铝合金的疲劳断口宏观形貌

图 4.21 是 7050 铝合金的疲劳断口 SEM 形貌图。疲劳源是裂纹萌生的起点，经过海洋大气或盐雾腐蚀的 7050 铝合金试样的疲劳源区都在试样表面的腐蚀坑处，由于腐蚀坑不止 1 处，因此会出现多个疲劳源。图中有 3 个疲劳源。这些腐蚀坑会引起应力集中，导致微裂纹萌生，加速疲劳源的产生。

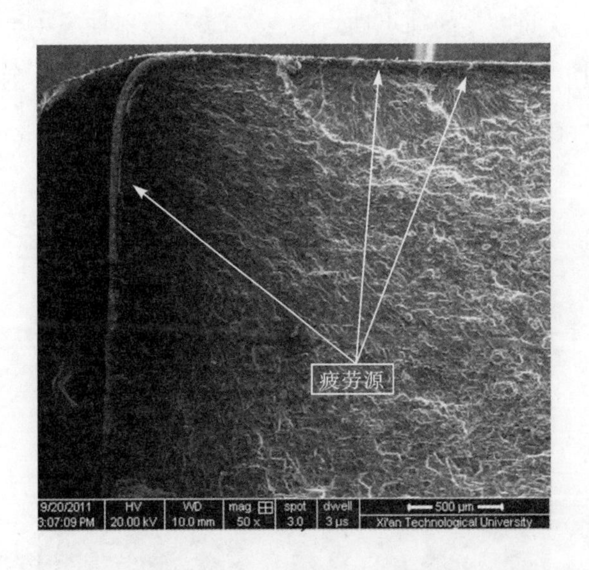

图 4.21　7050 铝合金疲劳断口疲劳源 SEM 形貌

疲劳裂纹萌生以后，会沿着与最大正应力方向相垂直的方向向试样内部扩展形成疲劳裂纹扩展区。疲劳断口上可看到一个光滑、细洁的区域，就是疲劳裂纹扩展区，它是疲劳断口上最重要的区域。此区域内是以疲劳源为中心，向材料内部辐射放射状台阶和条纹。

从图 4.22(a) 中可以清楚看到，不同的疲劳源形成的扩展区不在同一平面，当两者相交后便形成疲劳台阶。扩展区的形成还包括准解理面，呈现出片层结构，片层间存在着二次裂纹，以消耗更多的载荷。将片层内部放大可观察到有规则的大量疲劳条纹，靠近源区的疲劳条纹细、间距小（图 4.22(b)），而靠近瞬断区的条纹宽、间距大（图 4.22(c)）。经测量，两图中每个疲劳条纹的平均宽度分别为 0.457 μm 和 1.591 μm。这是因为疲劳条纹的间距代表了 1 次应力循环疲劳裂纹扩展的距离，当应力强度因子大于门槛值时，疲劳裂纹开始扩展，此时应力强度因子较小，所以裂纹扩展速率慢，条带间距小。随着裂纹不断扩展，应力强度因子不断增大，使裂纹扩展速率增大，所以疲劳裂纹条带间距增大。疲劳台阶明显，是由于裂纹在不同平面内扩展，随后相交形成的，且疲劳台阶的方向与裂纹扩展方向一致。同一平面内的疲劳条纹是平行且连续的，与垂直于裂纹扩展方向上的相邻晶面上的条纹保持连续，而与裂纹扩展前方的相邻晶面上的条纹则不连续、不平行。这说明裂纹在一定范围内是多个晶面上同时向前扩展的，而后相交；同时在前方晶界附近，裂纹前沿受阻，因此当裂纹由一个晶粒过渡到另一个晶粒时，其条纹取向将发生改变。

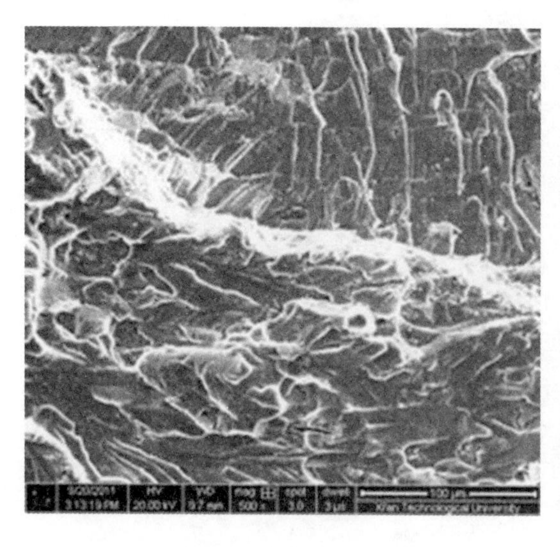

(a)疲劳台阶

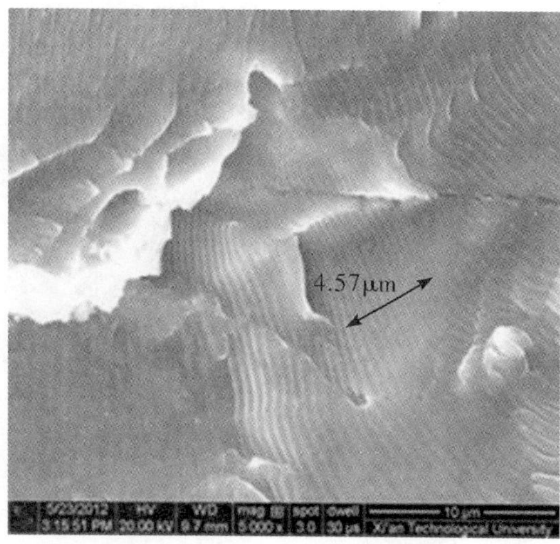

(b)近疲劳源区的疲劳条纹

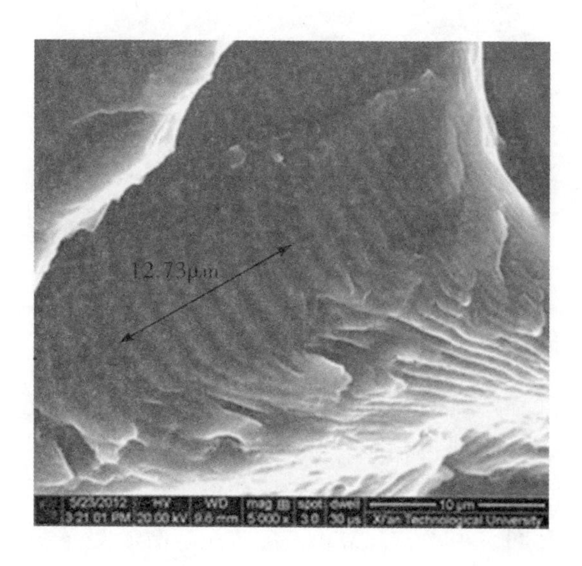

(c)远离疲劳源区的疲劳条纹

图 4.22　7050 铝合金的疲劳断口裂纹扩展区 SEM 形貌

图4.23是疲劳扩展区与瞬断区之间的过渡区域,可以清楚看到韧窝和疲劳条纹,且韧窝内存在着第二相粒子。

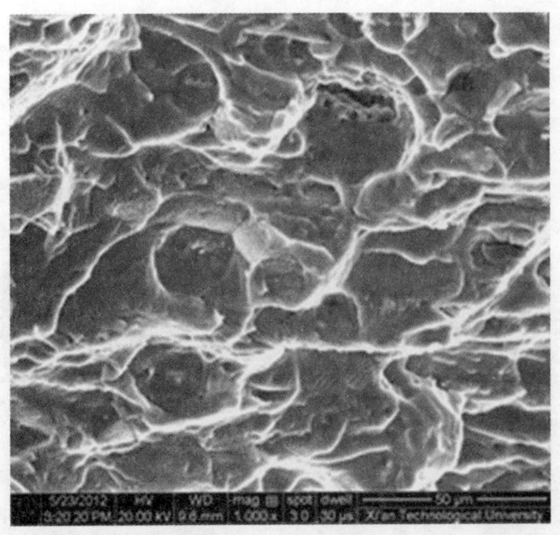

图4.23　7050铝合金的疲劳断口过渡区SEM形貌

7050铝合金热处理是固溶+时效,有较多的强化相。图4.24是疲劳瞬断区的形貌,发现有大量的以第二相为中心的韧窝及解理面。

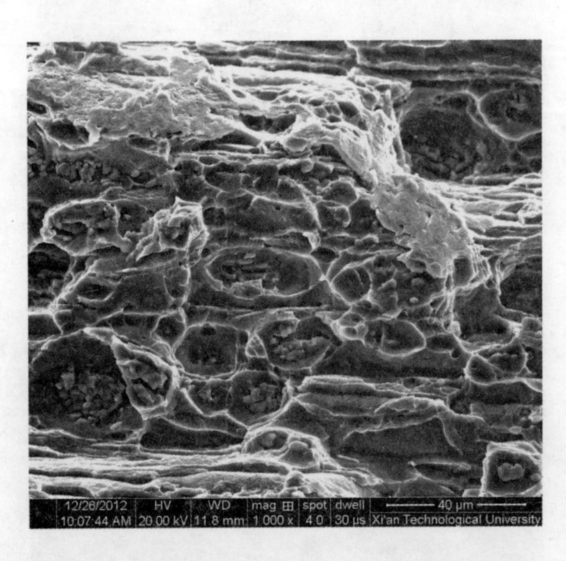

图4.24　7050铝合金的疲劳断口瞬断区SEM形貌

综上所述,7050铝合金疲劳裂纹的最终失稳扩展瞬时断裂是由准解理和第二相粒子处微孔聚集共同引起的。

4.2.4　7475 铝合金的疲劳断口形貌分析

7475 铝合金的疲劳断口宏观形貌如图 4.25 所示。观察可以发现，疲劳裂纹萌生于试样表面，裂纹源区光亮，这是由裂纹形成时内部滑移的相互摩擦引起的。裂纹向试样内部扩展长大，扩展区较为平坦，瞬断区最后形成剪切唇，且与应力轴大约成 45°夹角，而且瞬断区占断口的面积比重较大。

图 4.25　7475 铝合金的疲劳断口宏观形貌

在 SEM 下观察 7475 铝合金疲劳断口，图 4.26 为不涂漆试样的疲劳源附近的形貌，可以清楚观察到裂纹萌生于试样表面的腐蚀坑，由于表面不止 1 处有腐蚀坑，因此疲劳源也不止 1 处，这里只是其中 1 处的疲劳源。

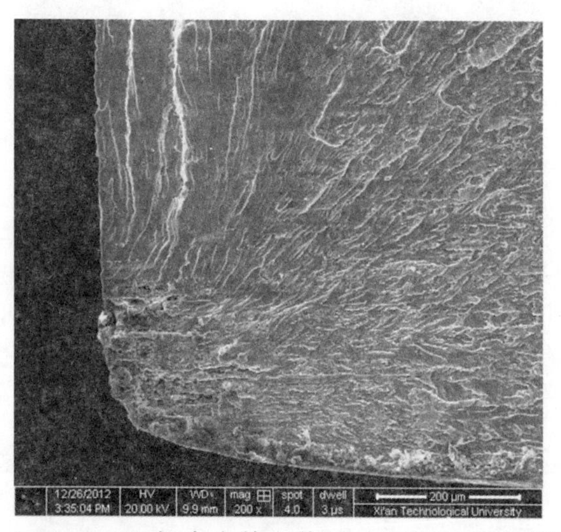

图 4.26　7475 铝合金的疲劳断口疲劳源 SEM 形貌

裂纹由疲劳源向四周扩展，形成羽毛状的扩展特征见图 4.27(a)。其形成原因是由于疲劳裂纹由一个晶粒扩展到另一个晶粒，即遇到晶粒界时，晶界对裂纹扩展的阻止作用会改变裂纹扩展方向,裂纹就会沿着消耗最少能量的表面继续扩展,进而形成羽毛状形貌。裂纹扩展区也发现河流花样,如图 4.27(b)所示。从图 4.27(c)中可以发现,裂纹扩展区存在规则连续的疲劳条带及二次裂纹,7475 铝合金属于面心立方晶体结构,易形成连续的疲劳条纹。

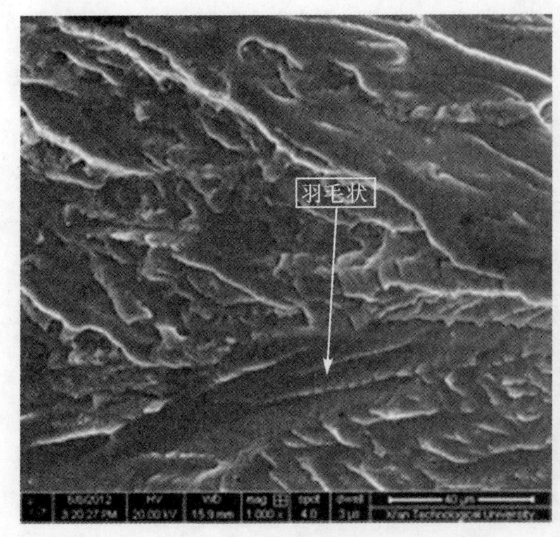

(a)扩展区羽毛状

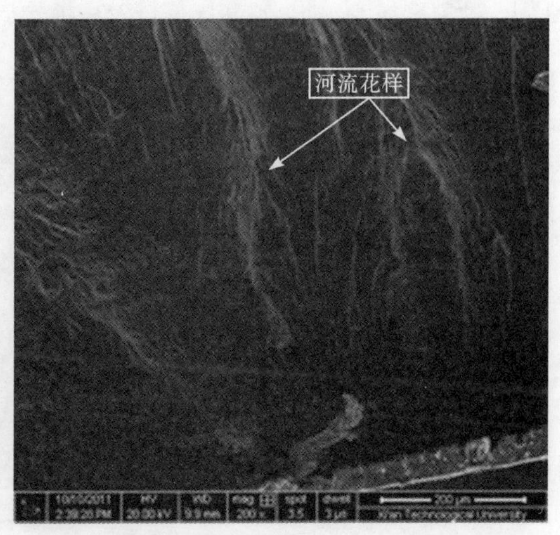

(b)河流花样

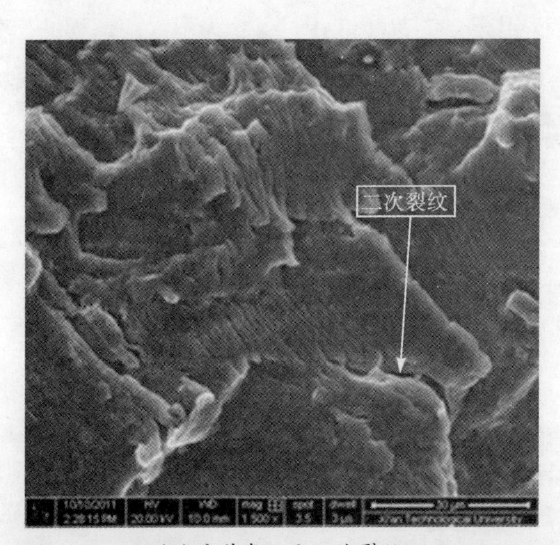

(c)疲劳条纹和二次裂纹

图 4.27　7475 铝合金的疲劳断口裂纹扩展区 SEM 形貌

在裂纹扩展区与瞬断区之间的过渡区,有少量的疲劳条纹和大量的尺寸较大的韧窝,见图 4.28 所示,在韧窝底部可见一些第二相颗粒。

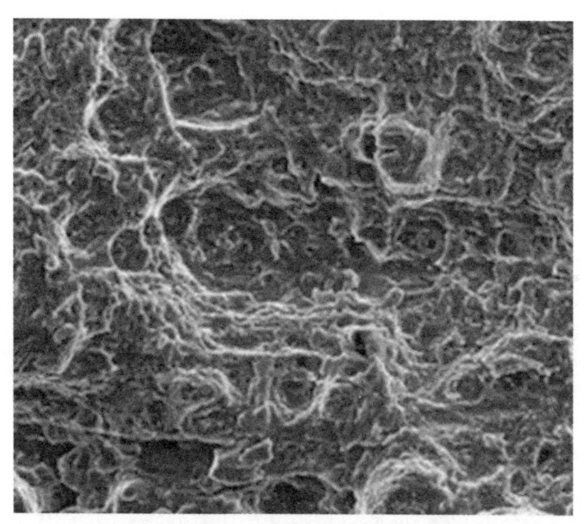

图 4.28　7475 铝合金的疲劳断口过渡区 SEM 形貌

图 4.29 是瞬断区的形貌，仍可见有准解理面和第二相粒子处微孔聚集留下的小韧窝。综上所述，7475 铝合金疲劳裂纹的最终失稳扩展瞬时断裂也是由准解理和微孔聚集共同引起的。

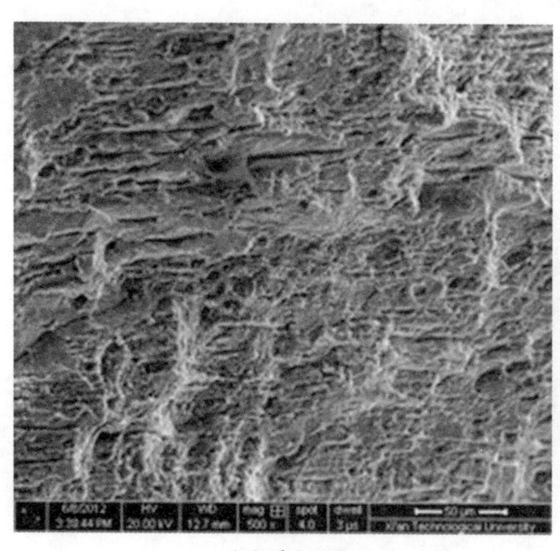

(a) 瞬断区

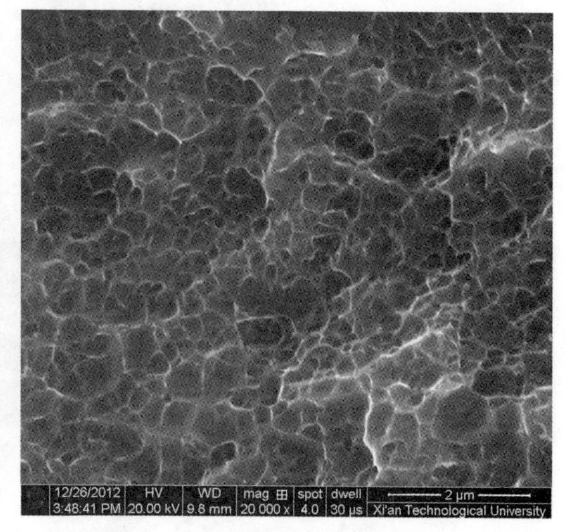

(b) 瞬断区韧窝

图 4.29　7475 铝合金的疲劳断口瞬断区 SEM 形貌

4.2.5　17－7PH 不锈钢的疲劳断口形貌分析

17－7PH 不锈钢的疲劳断口宏观形貌见图 4.30。从图中可以看出，疲劳裂纹萌生于试样表面，裂纹源处光亮，这是由裂纹形成时内部滑移相互摩擦引起的。裂纹向试样内部扩展长大,扩展区呈半圆形,而且较为平坦。瞬断区形成剪切唇,与应力轴大约成45°夹角,而且瞬断区占断口的面积比重较大。

图4.30 17-7PH不锈钢的疲劳断口宏观形貌

在SEM下观察17-7PH不锈钢疲劳断口,见图4.31。观察可以发现,试样的裂纹源萌生于试样表面的腐蚀坑,并且发现有多处疲劳源,在两裂纹源之间可以清楚地看到撕裂棱,这是因为2个裂纹源各自形成裂纹,向材料内部扩展,而这2个初始裂纹不在同一平面,相遇时就会以撕裂的方式相连接,于是会出现撕裂棱。

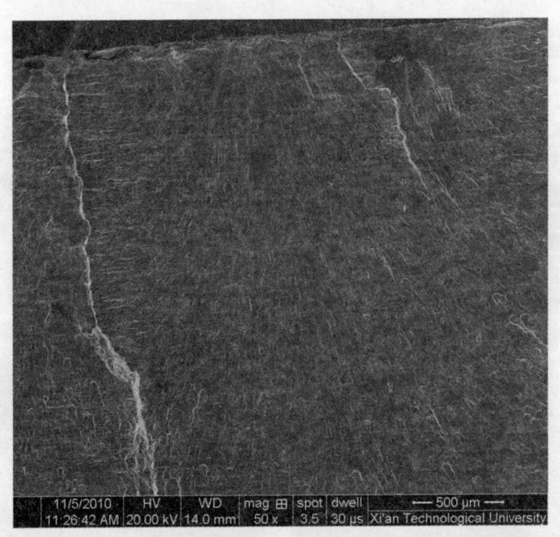

图4.31 17-7PH不锈钢的疲劳断口疲劳源SEM形貌

从图4.32(a)中可以发现17-7PH不锈钢疲劳断口扩展区存在少量的准解理面,另外还有大量杂乱的疲劳条纹,这是疲劳条纹极其细小造成的。这些疲劳条纹是裂纹局部瞬时前沿的微观塑性变形痕迹,其法向大致指向疲劳裂纹扩展的方向。同时,疲劳条带连续性较差,如图4.32(b),这与材料的晶体结构及性能有关,塑性差的材料疲劳条带一般是不连续的,因为疲劳裂纹尖端塑性变形小。随着裂纹的不断向前扩展,疲劳条带变长、明显而有规则,其间还分布着二次裂纹。

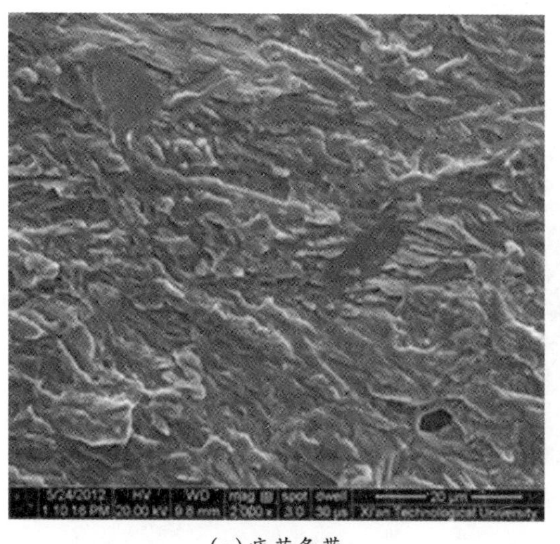
(a)疲劳条带

(b)疲劳条带放大

图 4.32　17 -7PH 不锈钢的疲劳断口裂纹扩展区 SEM 形貌

在瞬断区第二相形成的微孔聚集和准解理特征明显,同时发现二次裂纹,如图 4.33(a)和(b)所示。疲劳断口瞬断区剪切唇的微观形貌如图 4.33(c)所示,从图中可以发现许多抛物线韧窝,这也是由裂纹最终失稳扩展阶段,是由于受到剪应力使微孔变形引起的。

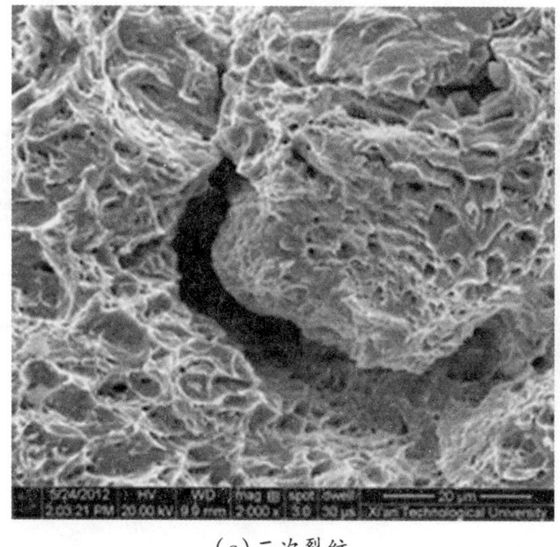
(a)二次裂纹

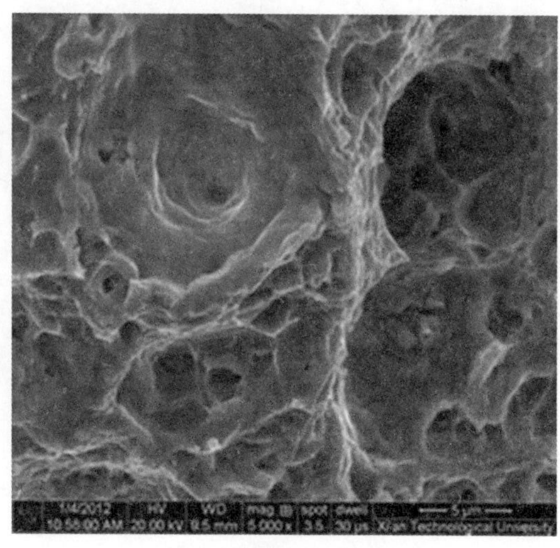
(b)等轴韧窝

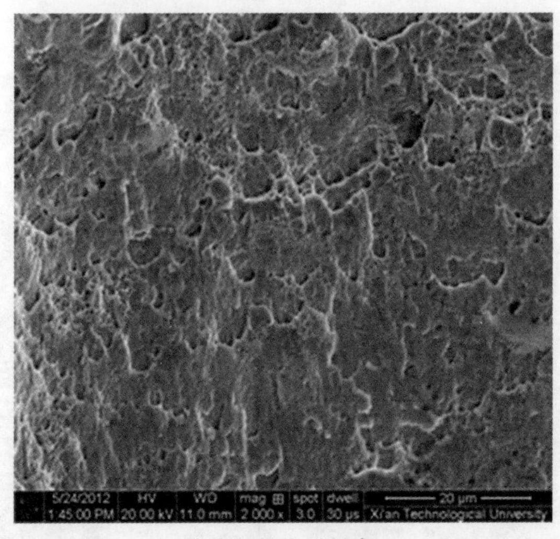

(c)抛物线型韧窝

图4.33　17－7PH不锈钢疲劳断口瞬断区SEM形貌

4.3　小　结

1)300M钢、30CrMnSiNi2A钢和17－7PH不锈钢的拉伸断裂都属于微孔聚集断裂,7050铝合金和7475铝合金的拉伸断裂是第二相形成的微孔聚集断裂。

2)疲劳断裂的裂纹源于试样表面腐蚀部位,因腐蚀会导致多源疲劳断裂,腐蚀过早会出现1个或多个疲劳源,最终降低疲劳寿命。

3)疲劳裂纹扩展区因材料性能不同其形貌不同,300M、30CrMnSiNi2A和17－7PH钢主要是脆性材料的疲劳条带,同时有较多二次裂纹;7050、7475铝合金的扩展区主要是韧性材料的疲劳条带。

4)瞬断区主要是韧窝,但材料性能不同,其韧窝形貌有差异。韧窝形貌会受第二相影响,常是以第二相为中心形成的韧窝。

参考文献

[1]黄建中,左禹. 材料的耐蚀性和腐蚀数据[M]. 北京:化学工业出版社,2003.

[2]邵娟. 钛合金及其应用研究进展[J]. 稀有金属与硬质合金,2007,35(4):61-64.

[3]陈明. 机械制造技术[M]. 北京:北京航空航天大学出版社,2001.

[4]高玉魁. TC18 超高强度钛合金喷丸残余压应力场的研究[J]. 稀有金属材料与工程,2004,33(11):1209-1211.

[5]冯抗屯,沙爱学,王庆如. 显微组织对 TC18 钛合金应力控制低周疲劳性能的影响[J]. 材料工程,2009,(5):53-56.

[6]张利军,薛祥义,常辉. 我国航空航天用钛合金材料[A]. 张剑锋. 第三届空间材料及其应用技术学术交流会论文集[C]. 北京:中国空间技术研究院,2011:83-91.

[7]罗雷,毛小南,杨冠军,等. BT22 钛合金简介[J]. 材料热处理技术,2009,38(14):14-16.

[8]Wang Jinyou,Ge Zhiming,Zhou Yanbang. Titanium Alloys in Aeronautical Application [M]. Shanghai:Shanghai Science Press,1985.

[9]王欣,高玉魁,王强,等. 再次喷丸周期对 TC18 钛合金疲劳寿命的影响[J]. 材料工程,2012(2):67-71.

[10]张尧武,曾卫东,史春玲,等. 真空去应力退火对 TC18 钛合金残余应力及组织性能的影响[J]. 中国有色金属学报, 2011,21(11):2780-2785.

[11]沈文雁,徐福源. Ti-15-3 钛合金电偶腐蚀与防护研究[J]. 表面技术,1997,1(2):20-22.

[12]上官晓峰,杜志杰. 7475 铝合金与 TC18 钛合金接触腐蚀研究[J]. 西安工业大学学报,2010,30(5):470-473.

[13]HB5374—87　不同金属电偶电流测定方法[S].

[14]汪水翔,魏永黎,汪卫华,等. 基于材料分类的无人机部件中性盐雾加速实验研究[J]. 装备环境工程,2007,4(4):14-18.

[15]潘宇. 美日等国大气暴露试验现状及发展动向[J]. 电子产品可靠性与环境试验,1994,

14(5):50-54.

[16]中国腐蚀与防护学会《金属腐蚀手册》编辑委员会. 金属腐蚀手册[M]. 上海:上海科学技术出版社,1987.

[17]王叔,李娟,陈启林,等. 正畸常用合金电偶腐蚀行为研究[J]. 临床口腔医学杂志,2015,09:526-529.

[18]赵丹,孙杰,赵忠兴. 钛合金与 NiAl 封严涂层的电偶腐蚀行为研究[J]. 稀有金属,2012,02:224-228.

[19]徐乃欣. 双金属偶合电极逆转[J]. 腐蚀与防护,1989,19-23.

[20]GB/T1766—2008　色漆和清漆涂层老化的评级方法[S].

[21]GB/T6461—2002　金属基体上金属和其他无机覆盖层经腐蚀试验后的试样和试件的评级[S].

[22]GJB/Z594A—2000　金属镀覆层和化学覆盖层的先选用原则和厚度系列[S].

[23]HB5143—1996　金属室温拉伸试验方法[S].

[24]汪荣鑫. 数理统计[M]. 西安:西安交通大学出版社,2011.

[25]黄啸,刘建中,马少俊,等. 细节疲劳额定强度计算参量取值敏感性研究[J]. 航空学报,2012,(5):863-869.

[26]林富甲. 结构可靠性[M]. 西安:西北工业大学出版社,1991:34-36.

[27]袁伟,孙秦. *DFR* 法结构细节疲劳强度分析[J]. 陕西理工学院学报,2007,23(1):9-11.

[28]李令芳. 民机结构耐久性与损伤容限设计手册(上册)　疲劳设计与分析[M]. 北京:航空工业出版社,2003:123-131.

[29]吉倩. 飞机起落架疲劳可靠性分析方法研究[D]. 南京:南京航空航天大学,2007:26.

[30]GB/T3075—2008　金属材料疲劳试验轴向力控制方法[S].

[31]刘振亭,高巍,金耀华,等. 铸造铝合金 A356.0 细节疲劳性能的研究[J]. 铸造技术,2008,29(11):1530-1533.

[32]尹为恺,朱福如,彭文屹,等. 疲劳数据中的数据处理[J]. 洪都科技,1995(1):33-42.

[33]韩小康,覃明,李佳润,等. 不锈钢在海水中的腐蚀行为研究进展[J]. 材料保护,2017,50(9):75-81.

[34]梁彩风,郁春娟,张晓云. 海洋大气及污染海洋大气对典型钢腐蚀的影响[J]. 海洋科学,2005,29(7):42-44.

[35]GB/T19747—2005　金属和合金的腐蚀　双金属室外暴露腐蚀试验[S].

[36]GB/T6461　金属基体上金属和其他无机覆盖层经腐蚀试验后的试样和试件的评级[S].

[37] GB/T1766　色漆和清漆涂层老化的评级方法[S].

[38] 上海钢铁研究所和中国科学院长春应用化学研究所金属腐蚀组. 海洋用低合金钢中合金元素作用的研究(一)　合金元素对低合金钢在海水中的腐蚀电位的影响[J]. 金属学报,1979,15(2):215.